Schmieden und Pressen

von

P. H. Schweißguth
Direktor der Teplitzer Eisenwerke

Mit 236 Textabbildungen

Berlin
Verlag von Julius Springer
1923

ISBN-13: 978-3-642-98233-0 e-ISBN-13: 978-3-642-99044-1
DOI: 10.1007/978-3-642-99044-1

Druck von C. G. Röder G. m. b. H., Leipzig. 851922.

Vorwort.

Es sollte zum Ehrenkodex jedes wahren Technikers gehören, daß er seine technischen Erfahrungen, die er in der Ausübung seiner Tätigkeit ein Menschenalter lang gesammelt hat, und die ihn in seinem reifen Alter als Sonderfachmann auszeichnen, niederschreibt und der Nachwelt übergibt. Die allgemeine Kritik wird selbst die Goldkörnchen von dem Sande scheiden, aber diese sind oft für den jungen Nachwuchs von großem Wert, wenn es auch nur wenige sein sollten. Bei dem häufigen Mangel an Literatur auf Sondergebieten wird dadurch für jeden einzelnen das fortwährende Anfangen von vorne vermieden, weil er auf Grund bereits fertiger Denkarbeit weiter arbeiten und forschen kann. Ich habe eine Reihe solcher Erfahrungen und Erforschungen aus meiner langjährigen praktischen Tätigkeit in vielen Schmieden des europäischen Kontinents in einzelnen Aufsätzen in den Zeitschriften des V. D. I. wiedergegeben (s. unten) und glaubte, gut daran zu tun, wenn ich alle diese Aufsätze in einem Werkchen vereinige. Auch ein anderer Grund hat mich hierzu bewogen. In den von mir verfaßten Werkstattbüchern (Verlag von Julius Springer, Berlin) über Freiformschmiede und Gesenkschmiede, die der Leichtbeschafflichkeit wegen zum Nutzen der Verbreitung in weiten Kreisen, in gedrängter Kürze abgefaßt werden mußten, werden oft Erläuterungen aus diesen Aufsätzen angezogen. Da nun nicht jedem die Zeitschriften des V. d. I. zur Verfügung stehen, soll das vorliegende Werk das Nachschlagen erleichtern. Aus diesem Grunde wurde ihm auch das Format der Werkstattbücher gegeben.

Der Verfasser.

Quellenangabe.

Plaudereien aus der Gesenkschmiede.
Aus Z.-V. D. I., 1919, 1921.
Aus Maschinenbau/Betrieb, 1921/22.

Hammer und Presse.
Aus Maschinenbau/Betrieb, 1921/22.

Kraft- und Wärmewirtschaft in der Freiformschmiede.
Aus Betrieb, 1920, 1921, 1922.

Der Vorgang des Fließens im gepreßten Messingblock beim hydraulischen Spritzen von Stangen.
Aus Z.-V. D. I., 1918.

Inhaltsverzeichnis.

Berichtigung.

Die Unterschriften der Abb. 146 und 147 auf Seite 48 müssen gegenseitig vertauscht werden.

Plaudereien aus der Gesenkschmiede.

1. Dampfhammerfundamente, Dampfhammerstangen und Ofen[1]).

„Gut geschmiedet ist halb gefeilt", sagt ein altes Sprichwort. Man hat damals noch viel feilen müssen, um dem Werkstoff die gewünschte Form zu geben. Wenn diese aber zu schwierig war, so daß sie unter dem Hammer nur unförmig herauskam, und man viel Stoff und Arbeit vergeudet hätte, wenn man sie aus dem Vollen hätte herausarbeiten wollen, so gab man zugunsten der Massenherstellung das Schmieden ganz auf und zog die bequemere Formgebung des Gießverfahrens vor.

Erst die erhöhten Festigkeitsansprüche an den Werkstoff zwangen die moderne Technik, auch die verwickelten Formen durch Schmieden und Pressen in gleicher Vollkommenheit und Gleichmäßigkeit herzustellen, indem man die Sandform durch eine Stahlform ersetzte, wobei man noch den Vorteil hatte, die Form vielfach hintereinander benutzen zu können.

Heute wird überhaupt nicht mehr an der äußeren Form „gefeilt", denn der Hammer arbeitet mit einer Genauigkeit, die Toleranzen von weniger als ½ mm zuläßt. Nur an den Stellen wird der Gegenstand gedreht, gehobelt oder geschliffen, wo Bewegungs- oder Verbindungsflächen entstehen sollen.

Zur neuzeitlichen Gesenkschmiede gehört aber recht viel. Da wir heute mit Arbeitslöhnen und Stoffen sehr sparsam umgehen müssen, sollen im folgenden einige praktische Fingerzeige gegeben werden.

Für größere Gesenkschmiedestücke wird wohl nur der Dampfhammer verwendet, obgleich schwere Fallhämmer mit sehr großem Hub für Gesenkarbeiten unleugbare Vorteile haben, wie z. B. ihre Bedürfnislosigkeit in bezug auf Wartung, Ausbesserung, Billigkeit der Gründung und der Anschaffungskosten usw. Doch hat bei einer gewissen Größe des Fallgewichtes die Sache ein Ende. So sei hier nur von Dampfhämmern die Rede.

Die Dampfhammerkonstrukteure können es sich noch immer nicht abgewöhnen, auf ihren Fundamentzeichnungen unter der Schabotte größere Holzlager anzulegen. Sie behaupten, daß die Schabotte elastisch gelagert werden müsse, um Brüche der Hammerstange zu vermeiden. Daß sie dabei ihren Dampfzylinder gefährden, bedenken sie nicht. Sie legen auch stets das Schabottenfundament getrennt vom Hammerfundament an und kommen höchst selten aus der Gewohnheit. Die Folgen hiervon sind in fast jeder Schmiede zu beobachten. Einständerhämmer hängen nach kurzer Zeit vornüber, Brückenhämmer sind gewöhnlich windschief verzogen, und als Endergebnis häufen sich Zylinder- und Stangenbrüche so, daß man sich zu einer neuen Gründung entschließt, die sich in nichts von der alten unterscheidet.

---

[1]) Aus Z. d. V. D. I., 1919, S. 1107.

Holzunterlagen unter der Schabotte nehmen fortwährend andere Form an, da aus der Stopfbüchse des Zylinders Kondensationswasser und Öl in die Schabottengrube fließen und das Holz anfeuchten und erweichen. Jeder schiefe Hammerschlag preßt das Holz auf einer Seite mehr zusammen als auf der andern. Beim Gesenkschmieden sind alle Schläge schief, man müßte denn Kugeln schmieden. Hat sich einmal die Schabotte nur um ein geringes auf einer Seite gesenkt, so wird die Hammerführung einseitig ausgearbeitet. Die Hammerstange wird bei jedem Schlage auf Knickung beansprucht, bis sie zum Schluß bricht. Dabei leidet natürlich der Zylinder.

Abb. 1. Doppelständer-Gesenkhammer, geschlossene Anordnung.

Da die Schabottengründung viel zu kleine Auflagefläche hat, wird sie bald in den Baugrund eingeschlagen. Das verdrängte Erdreich schiebt sich ungleichmäßig unter die benachbarten Fundamentteile des Hammerkörpers und stellt langsam, aber sicher den Hammer schief. Dann fangen die Gesenke an zu brechen, weil das Obergesenk auf keine Weise mehr mit dem Untergesenk in Einklang zu bringen ist. Ein Gesenk, das meist Tausende von Mark kostet, ist in kürzester Zeit in ein paar nutzlose Stahlstücke verwandelt.

Man verlangt beim Schmiedestück eine Genauigkeit von $\frac{1}{2}$ mm, führt die Gesenke mit einer Genauigkeit von $^{1}/_{10}$ mm mit Schwindmaß aus und denkt nicht daran, daß täglich veränderliche Verschiebungen zwischen dem Bär und der Schabotte von einigen Millimetern und ebenso große bleibende wöchentlich vor sich gehen. Man hilft sich dann stets mit Blechunterlagen für kurze Zeit.

Außerdem verlangt das Schmieden im Gesenk unbedingt einen harten Schlag, der aber durchaus nicht bei ausweichender Schabotte zu erzielen ist. Der harte Schlag ist notwendig, damit sich der weiche Stahl des Werkstückes in alle Vertiefungen des Gesenkes scharf einprägt. Ein bis zwei kurze, harte Schläge sind besser als 10 ÷ 20 weiche Schläge, weil das Gesenk zu warm und deformiert wird. Die Amerikaner legen unter ihre schwersten Fallhämmer auf den Beton der Gründung nichts als eine dünne Lederunterlage. Beim Fallhammer ist die Sache verhältnismäßig einfach, da die Geradführungen auf der

Schabotte selbst angebracht sind, somit nur mit einem Massiv in der Gründung zu rechnen ist, dem man stets die nötige Auflagefläche im Baugrund, welcher Beschaffenheit dieser auch sein mag, ob Newasumpf oder Donauschotter, geben kann. Ihm am nächsten kommt der Zweiständerhammer von Eulenberg, Moenting & Co., der nach der geschlossenen Anordnung gebaut ist (Abb. 1). Nur dürfen die beiden Ständer nicht wieder durch Schrumpfringe mit der Schabotte vereinigt werden, sondern müssen mit Federn unter den Verbindungsbolzen versehen werden, wie dies ja auch in letzter Zeit ausgeführt wird. Da bei der geschlossenen Bauart der Hammer einen pressenden Schlag ausübt, würden unelastische, mit der Schabotte verbundene gußeiserne Ständer sehr leicht zu Bruche gehen, oder man müßte sie in Schmiedeisen ausführen. Diese Hämmer haben einen glockenhellen Klang und eignen sich vorzüglich für mittlere Gesenkarbeiten. Größere Gesenke kann man nicht zwischen die Ständer bringen.

Der ganze Hammer mit Schabotte steht auf einem einzigen Betonklotz. Es genügt als Unterlage zwischen dem Hammer und der Gründung eine 50 mm dicke Platte aus Hammerfilz. Die vorgeschlagenen Unterlagen aus zwei Schichten Eichenholz sind überflüssig und schädlich. Der Hammerfilz muß mit einem genügend breiten Betonrand umgeben werden, damit er nicht ausweichen kann.

Viel schwieriger gestaltet sich die Gründungsfrage bei schweren Brückenhämmern. Bei diesen hat jede der Blechsäulen, auf denen die Brücke und der Zylinder ruhen, und die Schabotte ihre eigene Gründung.

Ich habe jahrelang Versuche gemacht mit einer Art von Gründung, die sich bis heute glänzend bewährt hat. Eine Lagenveränderung zwischen dem Bär und der Schabotte sowie der Brücke selbst war mit einem Pendel von $5\frac{1}{2}$ m Länge überhaupt nicht festzustellen, obgleich der Hammer (mit einem Fallgewicht von 4000 kg mit Obergesenk) im Krieg unausgesetzt in Tag- und Nachtschicht schwere Gesenkarbeit leistete.

Da das ganze Werk auf aufgeschüttetem Sand stand, mußte mit der Gründung 5 m tief hinuntergegangen werden, bis man auf ein Flöz von blauem Ton stieß. Dieses Tonflöz wurde angebohrt und ergab bei 750 mm Tiefe Wasser und feinen Sand.

Auf diesen Baugrund wurde eine 500 mm dicke Platte in Beton aufgestampft und mit einigen Trägern bewehrt, die als Grundlage des ganzen Fundamentes diente, s. Abb. 2, so daß der Baugrund durch den Schlag höchstens mit 0,25 kg/qcm belastet wurde.

Der untere Teil des Schabottenfundamentes nimmt die ganze Fläche der Platte ein. Das Fundament baut sich bis unter die Schabotte stufenförmig auf. Die Schabotte im Gewicht von 70000 kg ruht auf der obersten Stufe auf einer 50 mm dicken Platte aus gepreßtem und mit Teer getränktem Hammerfilz. Die Säulenfundamente schließen sich dicht an das Schabottenfundament und sind auf den wagerechten Flächen der Stufen mit ebensolchen Filzstreifen belegt, in den senkrechten Flächen mit Dachpappe isoliert. Die gußeisernen Fundamentplatten der Säulen sind wie üblich durch wagerechte Bolzen verbunden.

Diese Bauart hat sich glänzend bewährt. Der Schlag wird auf die ganze Platte übertragen und dadurch stark abgeschwächt. An dem Gebäude der Schmiede, das bereits 28 Jahre alt war, wurden nicht die geringsten Spuren der Erschütterung bemerkt. In 15÷20 m Entfernung stand ein Schornstein von 53 m Höhe und 1,5 m oberem Durchmesser und in ebensolcher Entfernung eine Sammlerbatterie, die vollkommen unberührt blieben. Erst in 80 m Entfernung vom Hammer konnten leichte Erschütterungen bei schweren Schlägen bemerkt werden, was wohl auf die wellenförmige Übertragung der Schläge durch das Tonflöz zurückzuführen war. Der Hammer schlug vollkommen hart und deckte das Untergesenk sehr genau. Zylinder für Flugzeugmotoren wurden im Vollgewicht von rund 67 kg geschmiedet, mit einem Befestigungsflansch unten, zwei Ventilflanschen und zwei Zünderstutzen oben: ein ziemlich verwickeltes Schmiedestück, für das der Besteller eine Toleranz von nur 0,5 mm erlaubte.

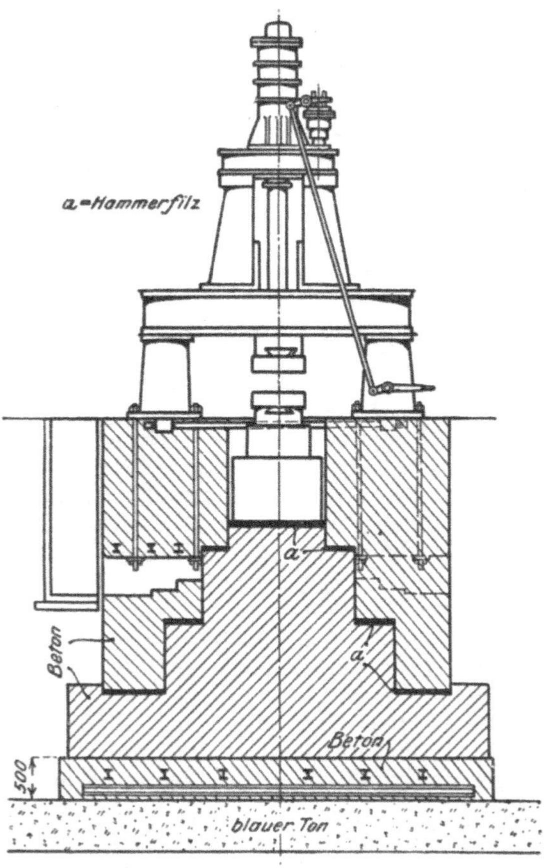

Abb. 2. Gründung eines schweren Dampfhammers.

Flansche und Zünderstutzen wurden früher aus dem vollen Stahl ausgefräst, eine mühsame und kostspielige Arbeit. Beim Gesenkschmieden war der Zylinderkopf völlig fertig.

Die Herstellung der Gesenke und die einzelnen Vorgänge werden weiter unten beschrieben. Vorerst kehren wir zum Hammer und seinem Fundament zurück.

Für Einständerhämmer, die eigentlich für genaue Gesenkarbeiten, wenigstens bei neu anzulegenden Schmieden, gar nicht in Frage kommen sollten, läßt sich leicht ein geschlossenes Fundament, wie für Brückenhämmer, anordnen und die Holzunterlage durch Hammerfilz ersetzen. Der Hammer wird dann nie vornüberhängen, wodurch Zylinderbrüche vermindert werden, doch ist die exzentrische Wirkung des Schlages auf den Ständer nicht aus der Welt zu schaffen. Dagegen sind sie zum Vorschmieden, also als Streck- und Stauchhämmer, auch in Gesenkschmieden gut verwendbar.

Eine lange Hammerstange mit $1^1/_2$ und 2 m Hub wird natürlich bei hartem Schlage stark beansprucht. Mit Stangen von 36 ÷ 45 kg/qmm Festigkeit kommt man daher keinesfalls mehr aus.

Eine gute Hammerstange von 180 mm Durchmesser muß bei 2 m Hub und 3000 kg Fallgewicht des Hammers schon aus Chromnickelstahl mit 80 kg/qmm Festigkeit hergestellt sein, will man an ihr seine Freude haben. Solch eine Hammerstange kostet viel Geld, aber sie bringt auch etwas ein. Das Schmieden von 80 ÷ 100 Zylindern in einer Schicht hält sie 5 ÷ 6 Monate lang in Tag- und Nachtschicht ohne Unterbrechung aus.

Stangen von geringerer Festigkeit sind der Schrecken jedes Schmiedes und stellen die ganze Wirtschaftlichkeit des Hammers in Frage. Die Stange verbiegt sich bald. Wenn sie nicht mechanisch mit dem Bär verbunden ist, was **höchst** selten der Fall ist, da der Bär meist aufgeschrumpft wird, ist wenigstens eine Woche verloren, und zwar bei vorhandener Aushilfsstange, sonst steht der Hammer bis zum nächsten Liefertermin still.

Der Schmied bemerkt die Verbiegung der Stange gewöhnlich erst, wenn sich der Bär nicht mehr aufwärts bewegen läßt oder wenn von der Geradführung die Späne fliegen.

Der sparsame Schmied holt nun den Holzkohlenkasten herbei, um den Bär auf eine Temperatur zu bringen, daß er die Stange von sich gibt, was ihm höchst selten gelingt. Der vernünftige Schmied holt mit um so größerer Entschlossenheit das Sauerstoffschneidzeug herbei[1]) und schneidet die Stange ein- bis zweimal durch, bohrt den Bär aus oder entschrumpft den zurückgebliebenen Konus auf warmem Wege und setzt die zu diesem Zweck bereitgehaltene Aushilfsstange so schnell wie möglich an ihre rechtmäßige Stelle. Wenn dann die Zapfen in Bär und Kolben passen, ist alles bald wieder in Ordnung.

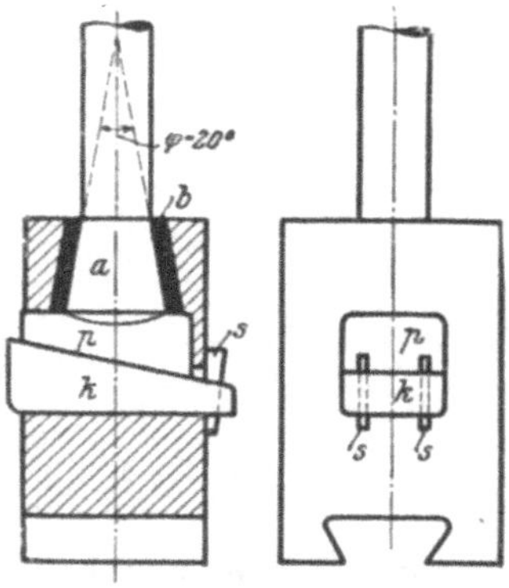

Abb. 3 u. 4. Banningsche Kupplung.

Angenehmer ist ja entschieden die Banningsche mechanische Kupplung der Hammerstange mit dem Bär, wie Abb. 3 und 4 zeigen. Aber auch sie hat ihre schweren Tücken und fügt sich nur dem Vorschlaghammer in kräftiger Faust.

Den unteren Kopf der Stange bildet ein umgekehrter Kegel *a*, der von einer Kugelkalotte begrenzt ist. Dieser Kegel wird durch die zweiteilige kegelige Büchse *b* im oberen Teil des Bärs gehalten, der Stangenkopf durch die Platte *p* mit Vertiefung, in welche die Stangenabrundung paßt; Keil *k* preßt das Ganze in die konische Öffnung des Bärs hinein. Nun wiegen aber die Platte und der Keil je 50 kg, wenn nicht mehr. Die Platte *p* muß in der Schwebe gehalten werden, damit der Keil *k* untergeschoben wird, und die Stange mit Unterdampf angezogen werden, denn sie mit dem Keil zu heben, ist unmöglich. Gleichzeitig muß der Stangenkopf in der Vertiefung der Platte zentriert gehalten werden, solange man den Keil mit schwerem Vorschlaghammer anzieht. Dabei geht dem Schmied infolge der Schwere der Anzugteile vollkommen das Gefühl dafür ab, ob der Keil fest angezogen ist oder nicht. Man muß den Hammer ein paar leichte Schläge ausführen lassen, um sich hiervon zu überzeugen, und dann gegebenenfalls nachziehen.

Es ist sehr anzuerkennen, daß eine so hervorragende Fabrik wie J. Banning in Hamm die große Wichtigkeit der mechanischen Kupplung der Hammerstange mit dem Bär erkannt und wenigstens den Versuch gemacht hat, diese Frage zu lösen, denn sie ist und bleibt bei schwereren Hämmern der wichtigste Teil. Die **Konstruktion** der Kupplung scheint mir jedoch verfehlt zu sein[2]).

Vor allen Dingen ist die Anordnung der Anzugkeile unter der Stange höchst ungünstig, denn die Stange schlägt fortwährend auf ihren Anzugorganen herum und ändert deren Form. Es gibt keinen Stoff, der diesen Angriffen trotzen könnte. Aber dann wirken ja Hammerschlag und Rückprall unmittelbar lösend

---

[1]) Verbogene Stangen, die wieder gerade gerichtet und nachgedreht werden, sind doch nicht mehr viel wert.
[2]) Die Konstruktion dieser Kuppelung ist weit über 100 Jahre alt.

auf den Keilanzug, und zwar in einer Weise, daß die kleinen Spaltkeile *s*, die diese Verschiebung verhindern sollen, verbogen und durchgerissen werden (Abb. 4). Hat sich aber einmal die Verbindung gelockert und läuft die Stange frei im Kegel, dann schlägt sich ihre Öffnung im Bär rasch aus, so daß man den Keil nicht mehr anziehen kann.

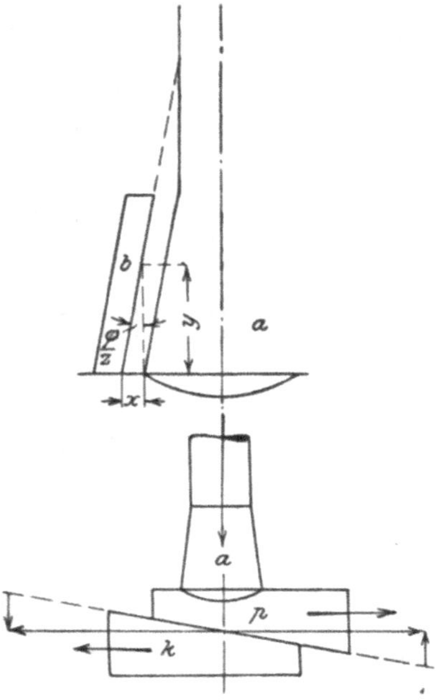

Abb. 5 u. 6.

Aber bei $^1/_2$ mm Erweiterung der kegeligen Öffnung schiebt sich der Kegel bereits um fast 3 mm hinein (vgl. Abb. 5 und 6):

$$y = \frac{x}{\operatorname{tg}\frac{\varphi}{2}} = \frac{0{,}5}{0{,}176} = 2{,}85\,,$$

wenn der Spitzenwinkel des Kegels 20^0 beträgt.

Hat der Keil keinen Anzug mehr, so muß zwischen den Kegel und die Platte *p* eine Unterlagscheibe gelegt (Abb. 7), oder eine neue geteilte Büchse von größerer Wandstärke angefertigt werden, die man den neuen Verhältnissen sehr schwierig anpassen kann, ohne den Bär und die Stange aus dem Hammer zu nehmen. Denn die Büchse muß sehr gut im Innen- wie im Außenkegel des Bärs und der Stange passen. Gewöhnlich paßt sie in beiden nicht.

Bei dieser Gelegenheit will ich einen bemerkenswerten Fall nicht unerwähnt lassen. Bei einem Banningschen 4000-kg-Brückenhammer mit mechanischer Kupplung war der obenerwähnte Fall eingetreten, und zwar im Beginn der Nachtschicht. Der Schmiedemeister hatte wohl überlegt, daß er die Lage nur durch eine Unterlage zwischen Stange und Platte retten könne. Er lief also in die Werkstätten, um „etwas Passendes“ zu suchen, und fand zu seiner großen Freude eine sauber geschmiedete Scheibe vom gebotenen Durchmesser und 12 bis 13 mm Dicke, wie er sie brauchte. Nun mußte aber die Unterlage gewölbt sein, um sich an den Stangenkopf und in die Plattenvertiefung zu schmiegen. Schnell entschlossen nahm er die Platte *p* aus dem Bär, benutzte sie als Gesenk und wölbte die angewärmte Unterlage mit dem runden Setzhammer hinein, so gut es ging. Die rotwarme Unterlage wurde dann schnell in Wasser abgekühlt und an ihre Stelle gelegt, so daß der Hammer in kaum einer Stunde weiter arbeiten konnte. Anfangs bewährte sich die Kupplung vorzüglich, doch gegen Morgen schlug der Hammer bereits wieder sehr schlapp.

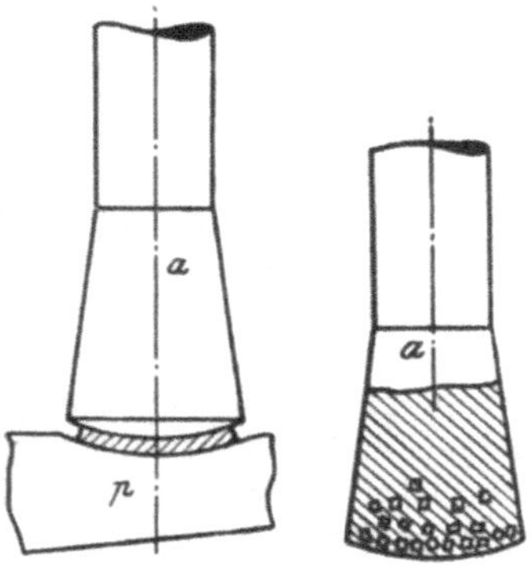

Abb. 7 u. 8.

Als ich die Schmiede betrat, erzählte mir der Meister sein Heldenstück und behauptete, man müsse eine neue Büchse machen, da trotz der Unterlage von

13 mm Dicke der Stangenkopf bereits um ebensoviel in einer Schicht in den Kegel gerutscht sei. Ich ließ sofort den Hammer stillsetzen, zog die Keile heraus und fand — keine Scheibe mehr.

Der Kegel hatte ein gutes Aussehen, die Büchse saß fest an ihrem Platze, so daß ich die ganze Erzählung des Meisters für ein Märchen hielt. Viel Zeit zur Überlegung gab es nicht im Kriege. So wurde denn eine Scheibe aus weichem Maschinenstahl gedreht und weitergearbeitet.

Als bald darauf die Hammerstange brach und ausgewechselt wurde, fiel mir die marmorierte Oberfläche des Stangenkopfes auf. Ich wollte ihn durchsägen lassen, aber vergebens, alle Sägen wurden nach ein paar Hüben stumpf. Der Kopf wurde darauf ausgeglüht und dann zersägt. Der Teil an der Wölbung zeigte würfelförmige Einschlüsse. Die Analyse ergab Wolframstahl. Nun klärte sich die Sache mit der ersten Scheibe auf. Der Meister hatte eine Scheibe er-

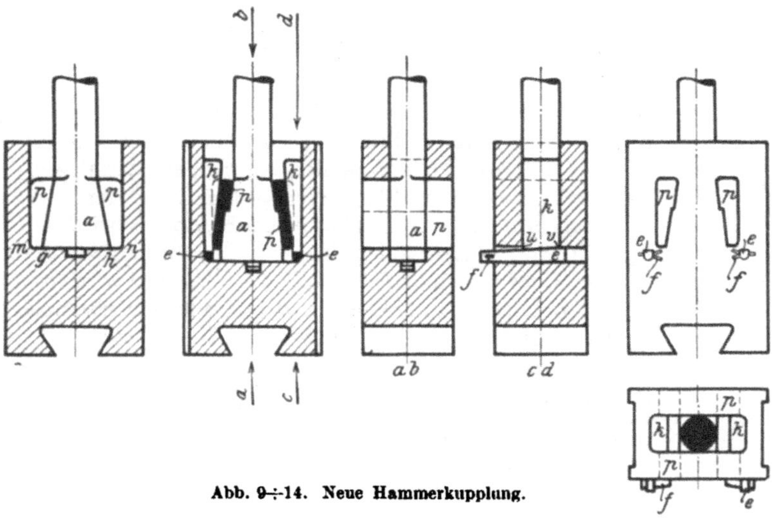

Abb. 9÷14. Neue Hammerkupplung.

wischt, die für Fräser bestimmt war. Er hatte sie nach dem Schmieden glashart gehärtet. Beim Schlagen war die Scheibe zersprungen und die einzelnen Teile in den weicheren Stangenkopf hineingepreßt (Abb. 8). Das Volumen des Kopfes hatte sich wohl vergrößert, doch nur um die kegelige Öffnung ganz auszufüllen, was wahrscheinlich vorher nicht der Fall gewesen war.

So veranlaßte diese mechanische Kupplung viel Betriebsstörungen. Trotzdem wird sie der Schmied jeder Schrumpfkupplung vorziehen.

Aus der Beobachtung, daß senkrechte Keile an Dampfhämmern sich selbst festziehen, wenn ihre Anzugrichtung in der Schlagrichtung liegt, bin ich auf den Gedanken gekommen, auf dieser Grundlage eine neue Kupplung zu entwerfen, die alle der oben beschriebenen Kupplung anhaftenden Mängel vermeidet, und zwar in folgender Weise:

Die Grundfläche des Hammerstangenkopfes soll fest an den Bär angepreßt sein, das ist zunächst einmal die Hauptbedingung einer jeden Hammerkupplung, d. h. gh fest auf mn (Abb. 9÷14). Da der Hammerstangenkopf nur aus Rücksicht auf die Bearbeitung als Kegelkörper ausgebildet wird, nicht aber aus Gründen der Zweckmäßigkeit, so wurde wegen der Wichtigkeit dieses Teiles die leichtere

Bearbeitungsmöglichkeit aufgegeben und dem Stangenkopf *a* eine prismatische Form gegeben. Die Mehrkosten spielen hier gar keine Rolle.

Die weitere Ausbildung der Kupplung ergibt sich dann von selbst. Zu beiden Seiten des Stangenkopfes wurden prismatische Platten *pp* eingeschoben, so daß sie gut im Bär geführt waren, und diese durch parallel zur Schlagrichtung im Bär gelagerte Keile *kk* an den Stangenkopf angepreßt. Sind einmal die Prismen *pp* in den Bär eingeschoben, so ist die Stange im Bär bereits festgehalten, die Keile *kk* verhindern nur ein Lockerwerden (Abb. 9÷14).

Mit jedem Schlage zieht sich die Kupplung fester zusammen. Die Keile würden schließlich das Bärgehäuse sprengen, wenn sie nicht durch die Gegenkeile *ee* in ihrem Vorschub begrenzt würden. Kleine Spaltkeile *f* regeln die Lage der Keile *e* und diese den Anzug von *kk*. Die größte Pressung zwischen der Stangengrundfläche und dem Bär tritt am Ende des Schlages ein. Diese Pressung wird durch die Keile *kk* festgehalten, so daß ein Lockern der Kupplung fast ausgeschlossen ist. Man hat es sogar in der Hand, durch richtige Wahl der Druckfläche *uv* zwischen den Keilen *k* und *e* und der Materialfestigkeit der Keile *e* ein selbsttätiges Nachspannen der Keile *k* zu bewirken, wodurch die kleinen Keile *e* allmählich zusammengedrückt (gestreckt) werden, ohne die Klemmkeile *f* verrücken zu müssen, bis sie nach stärkerem Verschleiß ausgewechselt werden.

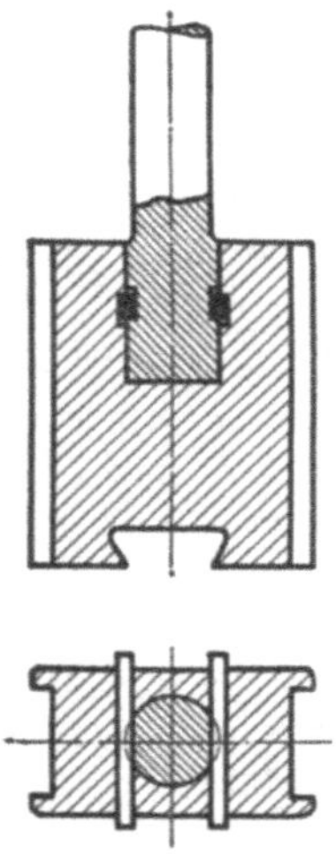
Abb. 15 u. 16. Querkeilverbindung.

Bei Hämmern mit mechanischer Kupplung wird die Öffnung im untern Zylinderboden stets so groß gemacht, daß der Stangenkopf durchgehen kann. Die Öffnung wird dann durch geteilten Deckel und geteilte Stopfbüchsen verschlossen, was zu Undichtigkeiten nie Anlaß gibt.

Die einfachste mechanische Kupplung zwischen Hammerstange und Bär erscheint dem kritiklosen Blick die Querkeilverbindung (Abb. 15 und 16). Im Grunde genommen ist diese Bauart nichts weiter als eine mechanisierte Schrumpfkupplung, nur daß sie noch den Fehler hat, leichter locker zu werden als diese.

Es ist klar, daß der Stangenkopf nicht genau zylindrisch gemacht werden darf, sondern einen kleinen Anzug erhalten muß. Denn wenn die beiden Querkeile nur die Bodenfläche des Stangenkopfes an die der Bäröffnung pressen sollen, so würden die schmalen Schulterflächen der Keile in einigen Stunden fortgearbeitet sein. Die Praxis ergibt auch, daß die Keile sehr häufig zu erneuern sind. Die Keillöcher müssen oft nachgearbeitet werden. Hat sich aber erst der Stangenkopf gestaucht, dann bedarf es gewöhnlich der Keile nicht mehr, denn es ist ein Zustand eingetreten, der genau dem der Schrumpfung gleicht. Wenn jetzt die Stange ausgewechselt werden soll, muß der Stangenkopf ausgebohrt werden, da es gewöhnlich nicht möglich ist, ihn durch Erwärmen des Bärs zu entfernen.

Dasselbe gilt natürlich für Querkeilverbindungen mit einem Keil durch die Mitte des Kopfes.

Da man bis zur Anwendung der mechanischen Kupplung von J. Banning in der Schmiede nichts Besseres kannte als die Schrumpf- oder Querkeilkupplung, so mußte sich der Schmied wohl oder übel mit allen Unannehmlichkeiten zufrieden geben, und hat sie geduldig, wenn auch schwer ertragen. Der Hammerlieferer und sein Konstrukteur, die in den weitaus meisten Fällen ein anderes

Seelenleben führen als der Schmied am Feuer, waren der Meinung, daß alles zur vollsten Zufriedenheit klappte. Besondere Klagen waren ja nicht eingelaufen.

Erst der Krieg mit seinen hohen Ansprüchen an Masse und Güte des Erzeugnisses hat die Unzulänglichkeit dieses wichtigen Konstruktionsteiles am Dampfhammer klar vor Augen geführt.

Wenn die lange Reihe der Versuche mit einem neuen Gesenkschmiedeteil nach vielen Wochen endlich so weit gediehen war, daß die Formgebung der verschiedenen Vor- und Fertiggesenke, Werkstoff und Arbeitsstück allen Anforderungen genügten und man dem Kriegsministerium, der Flugzeugabteilung und dem Fertigfabrikanten mit gutem Gewissen das heilige Versprechen geben konnte, nunmehr endgültig sofort in die Massenherstellung einzutreten und jede gewünschte Menge mit Leichtigkeit zu liefern, versagten gewöhnlich in diesem ungünstigsten Augenblick die Hammerstange und der Bär. Man muß sich die Gemütsverfassung der beteiligten Personen vorstellen, um zu verstehen, wie sich die gesamte Aufmerksamkeit auf diese Maschinenelemente konzentrierte.

Der blutige Krieg hat jetzt dem Wirtschaftskriege Platz gemacht, der uns zwingen wird, unsere formenden Maschinen in noch stärkerem Maße auszunutzen als bisher. Wenn auch das Bestreben vorhanden ist, den Dampfhammer mehr und mehr oder vielleicht ganz durch die Druckwasserpresse zu ersetzen, so sind wir doch heute noch sehr weit von diesem Ziele entfernt.

Die Festigkeitsunterschiede zwischen dem warmen Stahl des Arbeitstückes und dem kalten Stahl des Gesenkes sind denn doch noch nicht ausreichend, um den Stahl durch den gewaltigen Wasserdruck so in das Gesenk hineinkneten zu können, daß er alle Fugen der geschlossenen Form ausfüllen würde, ohne sie unbrauchbar zu machen. Wenn wir erst so weit wären, könnten wir auch bequem nach dem Dickschen Verfahren Stahlstangen spritzen[1]). Denn Stahl ist spritzbar!

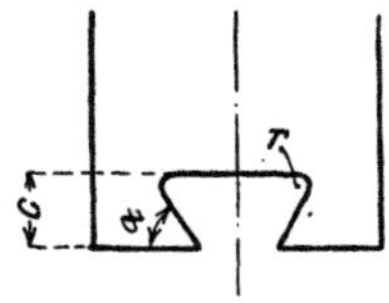

Abb. 17. Schwalbe im Bär.

Deshalb ist es schon besser, unsere guten alten Dampfhämmer vorläufig zu vervollkommnen und unsere Hammerkonstrukteure aufzufordern, sich persönlich mehr in der Gesenkschmiede umzusehen und einen praktischen Kursus an ihrem eigenen Hammer durchzumachen, der sich auf dem Reißbrett so glänzend bewährt. Sie werden da vieles finden, was sich in der Wirklichkeit nicht ganz so einfach gestaltet wie auf dem Papier, wie z. B. das Einsetzen und Herausnehmen von Gesenken im Gewicht von einigen tausend Kilogramm, ihre Befestigung in Hammer und Amboß, die Zuführung der warmen Werkstücke aus dem Ofen ins Gesenk und vieles andere — Handhabungen, zu denen unser braver Schmied heute überflüssiger- und gesundheitsschädlicherweise seine gewaltigen Muskeln anstrengen muß.

Die Schwalbe im Bär ist auch ein wichtiger Teil, der schon lange normalisiert sein sollte. Jede Fabrik hat andere Abmessungen, die nie mit den Gesenkschwalben der Schmiede übereinstimmen. Für mittlere Hämmer bis 4000 kg genügen nach Abb. 17 für c 75 mm, α liegt zwischen 60 und 70°, bei r sind gute Abrundungen zu machen, um Brüche des Bärs zu vermeiden. Der Bär wird natürlich in Stahlguß oder besser geschmiedet mit 45 kg/qmm Festigkeit ausgeführt. Bei verwickelten Schmiedestücken, die hintereinander auf mehreren Hämmern bearbeitet werden, müssen bei Außerbetriebstellung eines Hammers die Gesenke umgewechselt werden, damit ein anderer Hammer die Arbeit für den Kranken übernehmen kann. Das ist unmöglich, wenn die Schwalben nicht passen und alle

[1]) Siehe Seite 88 ff.

Keile zum Festspannen der Gesenke verschieden sind. Bei den Gesenken soll nicht an Stoff gespart werden, denn je schwachwandiger sie sind, desto eher werden sie zerstört. Die teuern legierten Stähle sind für große Gesenke einmal zu kostspielig, dann aber auch nicht immer vorteilhaft, da sie weniger gut die großen plötzlichen Temperaturunterschiede überstehen als Kohlenstoffstahl. Ein Stahl von 0,6 v. H. Kohlenstoff und 0,5÷1 v. H. Mangan gibt tadellose Gesenke. Gesenke mit großen Vertiefungen sind nicht zu härten, wenn sie diese Zusammenstellung haben. Ich härte schwere Gesenke nie. Ein gehärtetes Gesenk platzt leicht durch Schlag und bei starken Temperaturunterschieden. Ein weiches Gesenk kann oft nachgearbeitet werden, indem man den herausgetriebenen Stoff kalt zurückhämmert. Ein Gesenk für Flugmotorzylinder wiegt im Durchschnitt 1800—2000 kg und kostet fertig bearbeitet gegen 5000 M.[1]). Über 2000 Zylinder kann man in solchem Gesenk schlagen, wenn es richtig hergestellt ist; manchmal aber bricht es beim ersten Zylinder. Ein Gesenk, das sich vorzüglich bewährt hatte, habe ich von drei hervorragenden Stahlfirmen analysieren lassen und dabei folgende Ergebnisse erhalten:

Analyse	I	II	III
G	0,53	0,59	0,62
Mn	0,61	0,47	0,52
Si	0,17	0,31	0,15
P	0,03	0,014	0,05
S	0,009	0,022	0,02
Cu	Spuren	—	0,01

Auch für Gesenke zum Schmieden von Eisenbahnrädern — als Beispiel für flachere Gesenke — kommt das oben Gesagte in Betracht. Diese Gesenke sind bedeutend schwerer als die vorhergenannten und brauchen auch größere Hämmer, ebenso alle Teile für Kraftwagenmotoren, Eisenbahnhaken, Kranhaken. Diese können auf Hämmern bis zu 1000 kg geschmiedet werden, größere Exzenterstangen für Motoren brauchen bis 2000 kg Fallgewicht.

Muß ein Schmiedestück durch verschiedene Gesenke laufen, wie Stauchgesenk, Vorgesenk und Fertiggesenk, so sind zu gleicher Zeit zweckmäßig drei Hämmer hierfür in Tätigkeit zu setzen, deren jeder nur einen Arbeitsgang macht. Zugunsten der Kohlenersparnis ist dieses Verfahren entschieden vorzuziehen. Für Gesenkschmieden sollten die Öfen stets nur auf einer Längsseite der Schmiede eingerichtet sein, damit das noch warme Schmiedestück von einem Hammer in den Ofen des nächstfolgenden Hammers gebracht werden kann, am zweckmäßigsten durch einen Hängekran, unten mit drehbarem Kopf *a* in Höhe der Ofentüren (s. Abb. 18). Diese Krane sind sehr leicht verschiebbar und können durch jugendliche Arbeiter bedient werden. Die Öfen haben zwei Öffnungen, eine zum Aufgeben, eine zum Ziehen des warmen Schmiedegutes, falls sie nicht elektrisch gestoßen werden, wie für Eisenbahnräder und andere schwere Stücke[2]).

Die Daimler-Flugmotorenzylinder wurden aus 150-mm-Rundstahl geschmiedet. Die Stangen wurden warm auf die nötige Länge gesägt und kamen noch warm in den zweiten Ofen. Der dazugehörige Hammer (Einständerhammer) stauchte den Befestigungsflansch vor und schlug den Rundstahl flach (Abb. 19 und 20). Von hier aus ging das Stück in den dritten Ofen und wurde, auf 1200° C

[1]) Im Jahre 1917.
[2]) Stoßöfen mit elektrischem Antrieb der Stoßvorrichtung, Bauart W. Ruppmann.

gebracht, im Vorgesenk geformt. Es hatte schon seine annähernde Form, aber noch elliptischen Querschnitt (Abb. 21 und 22).

Es gelangte dann das erstemal auf die Abgratpresse, die vorteilhaft eine mit Dampf betriebene Druckwasserpresse (Abb. 25) ist, weil die Stärke des Grates verschieden ausfällt, so daß Kurbelpressen mit Rädervorgelegen oft brechen, wenn sie nicht sehr stark gewählt werden, obgleich warm abgegratet wird. Die Form aus den Vorgesenken ist außerdem nie so genau, daß nicht Teile des geschmiedeten Körpers mit abgeschert werden, wobei die Beanspruchung auf das 10fache wächst. Die Dampf-Druckwasserpresse bleibt stehen, wenn sie nicht weiter kann.

Nach dem ersten Abgraten kam der Zylinder in den vierten Ofen, wurde wieder auf 1200° C erwärmt und ging ins Fertiggesenk. Vorher wurde das weißwarme Stück mit Wasser bespritzt, schnell mit Stahlbürsten (an langen Stielen) abgebürstet, richtig passend ins Gesenk gebracht, das vorher mit Öl und Graphit

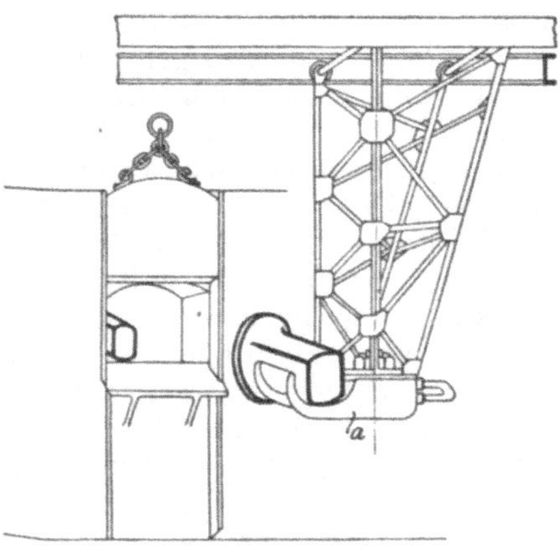

Abb. 18. Hängekran.

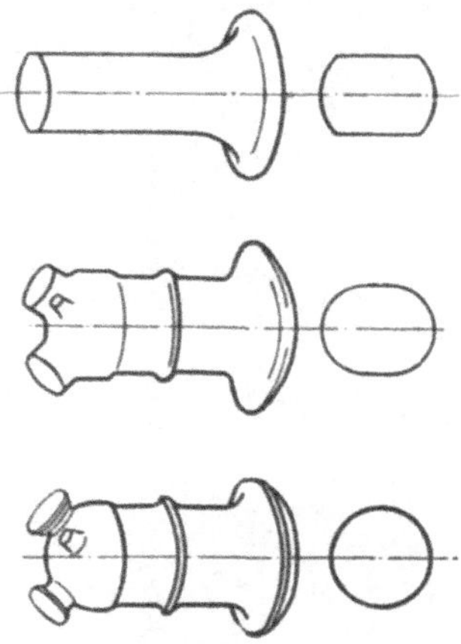

Abb. 19 bis 22, 23 und 24. Schmieden eines Flugzeugmotorzylinders im Gesenk.

eingeschmiert war, und mit ein paar kräftigen Schlägen fertiggeschmiedet, so daß der Grat $1\frac{1}{2} \div 2\frac{1}{2}$ mm betrug. Während des Schmiedens wurde ein scharfer Luft- oder besser Dampfstrahl auf das Gesenk gerichtet, um den Zunder wegzublasen, dann wurde das Stück schnell aus dem Gesenk genommen und kam unter die zweite Abgratpresse, die sehr sauber arbeiten mußte. Der durch den Schnitt fallende Zylinder wurde auf einer weichen Unterlage aufgefangen, damit seine Oberfläche nicht beschädigt wurde, schnell für die Zeit einer Sekunde in einen Bottich mit Wasser gesteckt, sauber abgebürstet, und kam noch rotwarm in dasselbe Gesenk. Hier erhielt er einen leichten Schlag, der ihm seine vollendete Form gab (Abb. 23 und 24). Dunkelrot wurde er neben seine älteren Gefährten in Asche gepackt und nicht eher herausgenommen, als bis er kalt war, d. h. in der nächsten Schicht. Er verlor hierdurch seine Spannungen und erhielt ein schönes, violettes Aussehen. Die Ware muß Ansehen haben! So oder ähnlich wie bei dem angezogenen Beispiel ist der Vorgang auch bei andern Schmiedestücken.

Warum die Zylinder voll geschmiedet werden im Gewicht von etwa 67 kg für Rohstoff und 60 kg für fertiges Schmiedestück, um nach vollendeter Bearbeitung mit Wassermantel und Stutzen nur 10 kg zu wiegen, soll ein andermal gesagt werden. Man kann sie auch hohl pressen und schmieden, wie die Zylinder des Hieronimus-Motors der Österreichischen Industriewerke Warchalowski, Eißler & Co. A.-G. in Wien. Gewöhnlich läßt man die Schmiedestücke nach dem vorletzten Arbeitsgang kalt werden und unterzieht sie einer gründlichen Untersuchung, wenn man nämlich dem Werkstoff in bezug auf Schmiederisse und sonstige mögliche kleine Schäden nicht trauen kann.

Abb. 23. Mit Dampf betriebene Abgrat-Druckwasserpresse.

Dann wandert dieser Teil erst in die Beize und von hier aus auf den Prüftisch, wo jedes Stück sorgfältig mit der Lupe auf Risse abgesucht wird. Jeder Riß wird sauber mit dem halbrunden Kreuzmeißel so tief ausgehauen, bis man auf gesunden Werkstoff kommt. Man kann getrost bis 5 mm tief gehen (Abb. 26), ohne das Schmiedestück in seiner Festigkeit im geringsten zu gefährden, denn der Stoff quillt beim Fertigschmieden von innen nach außen und füllt den Kanal aus. Beim Gesenkschmieden heißt es aufpassen: „Kraft ohne Kunst ist hier umsunst!" Der größte Fehler ist das Schmieden bei zu niedriger Temperatur, das hält das vollkommenste Gesenk nicht aus. Ist der Ofen einmal nicht warm zu bringen, so unterlasse man auch das Schmieden, es gibt doch nur Ausschuß und zerbrochene Gesenke.

Vor dem Kriege sah es hinsichtlich der Öfen in fast allen Schmieden erbärmlich genug aus. Der Krieg hat in vielen Schmieden Abhilfe geschaffen, aber nur, weil die alten Öfen nicht die gewünschte Stückzahl herausbrachten, die für den erhofften Gewinn erforderlich war. Nicht aus wirtschaftlichen Gründen wurde die falsche Sparsamkeit aufgegeben.

In kleinen und mittleren Anlagen werden die Öfen unmittelbar mit Kohlen geheizt. Große Schmieden sollten keine Kohlen in die Schmiede bringen, sondern fertiges Gas, mit dem sie dann auch die Dampfkessel heizen können. Über dieses wichtige Kapitel ein andermal!

Abb. 26. Ausgemeißelter Riß.

Unmittelbar mit Kohlen geheizte sowie Gasöfen müssen nach dem Rekuperativverfahren gebaut sein, um die Abhitze auszunutzen und höhere Temperaturen zu erzielen.

Abb. 27÷29 zeigen einen solchen Ofen mit Generatorfeuerung von Wilhelm Ruppmann in Stuttgart, der in allen seinen Einzelheiten gut durchdacht und vollendet gebaut ist. Ebenso gebaut sind die Gasöfen, nur fehlt die Generatorfeuerung, da sie ja das Gas sich nicht selbst herstellen müssen, sondern es fertig erhalten. Der Gaserzeuger steht außerhalb der Schmiede. Bei der Gaserzeugung kann man auch noch die Nebenerzeugnisse gewinnen, die heute gut bezahlt werden.

Öfen mit unmittelbarer Kohlenheizung sind zweckmäßig alle auf einer Längsseite der Schmiede unterzubringen, im Nebenbau zwischen den Säulen, damit durch die Zufuhr der Kohle der Betrieb in der Schmiede nicht gestört wird. Jeder Ofen erhält oft seine eigene Esse, das ist nicht teurer als ein gemeinsamer Kamin mit langem Kanal. Solche Kanäle haben in Schmieden am meisten auszuhalten und müssen sehr stark gebaut werden. Auf den Herd ist besondere Sorgfalt zu verwenden. Nur saure Herde können gebraucht werden. Sie werden aus granuliertem Quarz von 4÷5 mm Korngröße mit etwas Kaolin in dünnen Lagen eingeschweißt, bis die gewünschte Herdstärke von 180÷200 mm erreicht ist. Solche Herde können während des Betriebes ausgebessert werden.

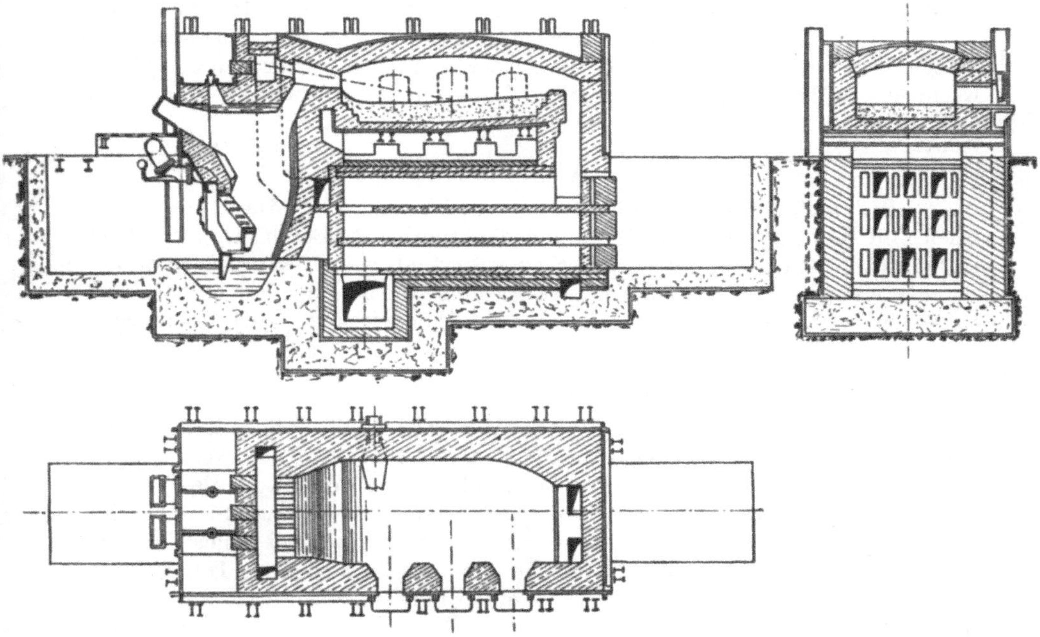

Abb. 27÷29. Rekuperativ-Wärmofen mit Generatorfeuerung von Wilhelm Ruppmann

Schamotteherde sind nicht zu gebrauchen. Einmal halten sie die hohe Temperatur nicht aus, und dann bleiben Schamotteteile am Schmiedegut kleben, werden mit eingeschmiedet und verderben die Arbeit. Die Schlacke ist zu zähflüssig.

Der Herd ist schräg anzuordnen, damit die Schlacke in eine Ecke des Ofens fließt, wo sie abgezogen werden kann. Die Schlackenlochverschlüsse sind am besten mit einem Schieber und feuchter Asche herzustellen, dann bleibt das Schlackenloch stets frei (Abb. 30), siehe auch S. 34.

Der Fußboden in der Schmiede sieht gewöhnlich aus wie Polens Landstraßen. Man hebe den alten Mutterboden auf 300 mm aus und gebe ein Gemisch von Kesselschlacke und etwas Lehm hinein, dann wird er fest und elastisch und bildet keinen Brei, wenn er naß wird, denn mit Wasser wird viel in der Schmiede hantiert. Ein besseres[1]) und billigeres Mittel kenne ich bisher nicht. In Ungarn riet man mir eine Mischung an aus Ochsenblut, Kuhhaaren und Lehm. Ich habe

[1]) Wenn man sich nicht dazu entschließen kann, gußeiserne geriffelte Platten zu legen, Ziegelkopfpflaster und Beton mit einem Zusatz von Hammerschlag halten nur dort, wo glühendes Eisen nicht den Fußboden berührt.

sie nicht erprobt, weil ein solcher Boden längere Zeit ein Aroma von zweifelhafter Güte ausstrahlen soll, auch würde das Blutopfer für große Schmieden zu gewaltig sein! Später soll ein solcher Boden aber sehr fest werden. Für Kleinzeugschmieden, bei denen die Arbeitstücke stets in Beförderungswagen gehalten werden, ist Betonboden vorzuziehen. Er verträgt kein heißes Eisen.

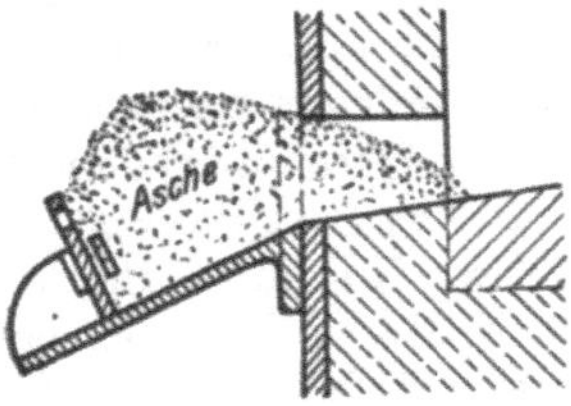

Abb. 30. Schlackenlochverschluß.

Über Stahlbehandlung, namentlich der wertvollen Konstruktionsstähle, Vergütung, Dampfleitungen, Windlutten und Abdampf, Gesenkmacherei, Schmiedewerkzeuge und Gebäudeanlagen wäre noch viel zu sagen. Der Umfang eines kurzen Aufsatzes reicht jedoch lange nicht aus, um alles zu erfassen. Aber mancher von den jüngeren Kollegen aus der Schmiede wird auch in dieser kurzen Abhandlung einiges finden, was seine Aufmerksamkeit erregt[1]).

Zusammenfassung.

1. Besprechung der Gründung von Dampfhämmern. 2. Die Befestigung des Stieles im Hammer ist für den Schmied die ärgerlichste Beschäftigung. 3. Über Gesenkstahl. 4. Das Schmieden von Flugzeugzylindern im Gesenk. 5. Neuzeitliche Schmiedeöfen, die nur 10÷20 v. H. der in Schmieden üblichen Kohlenmengen verbrauchen. 6. Eine Schmiede soll nicht so aussehen wie eine polnische Landstraße.

2. Die Formgebung der Gesenke[2]).

Zweck und Wirkungsweise der Gesenke. Die durch äußere Kräfte hervorgerufenen Verschiebungen der Stoffteilchen des Werkstoffes werden durch den Widerstand elastischer Stahlformen so abgelenkt, daß der Stoff die gewünschte Form annehmen muß. Da der Aggregatzustand des Fließens nur durch hohen Druck und im allgemeinen bei strengflüssigen Stoffen nur bei hoher Temperatur hervorgerufen werden kann, so müssen die Stahlformen dem Druck und der Temperatur Widerstand bieten. Ihr Gefüge muß elastisch sein, um den plötzlichen Druck- und den Temperaturunterschieden nachkommen zu können. Als einziger Stoff eignet sich zäher Stahl. Das sind die Gesenke.

Die Größe der erforderlichen Druckkraft setzt sich zusammen aus der Verschiebungsarbeit der Stoffteilchen (der inneren Reibungsarbeit) und aus der äußeren Reibungsarbeit der Stoffteilchen an den Gesenkflächen. Um die Druckkraft herabzumindern, hat man also die Verschiebungsfähigkeit der Stoffteilchen zu erleichtern und die äußere Reibung herabzumindern. Die Erhöhung der Verschiebungsfähigkeit erreicht man durch eine möglichst hohe Temperatur. Die Höhe der Temperatur ist begrenzt durch die Eigenschaften des Stoffes. Man gibt ihm eine Temperatur, die er gerade noch vertragen kann. Das ist die allgemeine Regel. Vertragen kann der Stoff eine Temperatur, von der seine Eigenschaften zum wenigsten nicht so beeinflußt werden, daß sie nach dem Erkalten geringer sind als vor der Bearbeitung. Blei kann man im Gesenk verarbeiten bei 15°, Zink bei 120÷150°, Aluminium bei 680°, Messing (hochgekupfert) bei 760°, Flußstahl bei 1100°, Flußeisen bei 1200° C. Dabei sinkt beim Flußeisen die Druckfestigkeit von 35 kg/qmm auf 5 kg/qmm, steigt aber bei einer Ab-

[1]) Vgl. Werkstattbücher, Hefte 11 u. 12, Schweißguth, Freiformschmiede I u. II. Berlin: Julius Springer.
[2]) Aus Z. d. V. D. I., 1921, Nr. 5.

kühlung von nur 300° C auf 15÷20 kg/qmm, Grund genug, um den Preßvorgang soviel wie möglich zu beschleunigen.

Die Reibung kann man herabmindern auf zweierlei Weise. Entweder gibt man ein Schmiermittel aus Graphit oder aus Gas oder aus Graphit und Gas. Den reinen Flockengraphit läßt man mit Wasser an und trägt ihn auf das heiße Gesenk, wo das Wasser verdunstet, so daß nur eine Graphitschicht übrigbleibt. Bei der Gasschmierung benutzt man leicht vergasende Stoffe, wie Öl, Leder, Stein- und Braunkohlenpulver, die bei der hohen Temperatur des Werkstoffes vergasen. Das Gas dehnt sich aus, nimmt einen gewaltigen Druck an und sucht zwischen dem Stoff und dem Gesenk zu entweichen. Wo es nicht entweichen kann, nimmt es oft einen solchen Druck an, daß es nach dem Pressen das Arbeitsstück aus dem Gesenk herausschleudert. Die Gasschicht zwischen dem Gesenk und dem Werkstoff verringert die Reibung. Für den letzten Fall wird schwerer verdampfbares Fett mit Graphit verwendet. Die reine Gasschmierung mit Kohle wird der Billigkeit halber dort verwendet, wo es auf besonders reine Oberfläche nicht ankommt, also bei Teilen, die bearbeitet werden, wie z. B. Geschosse. Durch Sand und Asche, die in der Kohle nie zu vermeiden sind, werden die Werkzeuge bald riffelig, die damit gepreßten Körper erhalten dann keine glatte Oberfläche mehr. Dasselbe geschieht bei Verwendung von sandhaltigem Graphit-Leichte Öle verdampfen bereits auf dem Gesenk. Denn das ist immer heiß. muß auch stets auf ungefähr 300° gehalten werden, um nicht zu starken Wärme, unterschieden ausgesetzt zu sein. Außerdem hat der Stahl bei dieser Temperatur eine etwas erhöhte Festigkeit und große Elastizität. Das wichtigste Mittel aber, um die Pressung zu erleichtern, ist die richtige Formgebung der Gesenke.

Grundlagen der Formgebung. Allgemeine Regeln für die Formgebung der Gesenke kann man nur sehr wenig angeben. Deshalb ist es besser, wenn ich einige Beispiele anführe, zumal man fast jeden Körper auf verschiedenen Wegen in die gewünschte Endform vermittels der Gesenke schmieden kann. Das eine haben die Gesenke mit der Gußform gemeinsam, daß sie aus wenigstens zwei Teilen bestehen, einem Oberteil und einem Unterteil. Der Unterteil wird auf dem Amboß, der andere am Hammerbär oder Bär befestigt. Wenn die von ihnen eingeschlossene Hohlform der gewünschten Fertigform des Werkstückes entspricht, so hat man es nur mit einem Gesenk zu tun. Der angewärmte Werkstoff, bestehend aus einem Abschnitt üblicher Handelsware, etwas größer an Gewicht als das fertige Stück, wird mit entsprechender Temperatur in die Höhlung des Untergesenkes gelegt und mit dem Obergesenk daraufgeschlagen oder gedrückt. Der Überschuß an Werkstoff quillt zwischen beiden Gesenken heraus, bildet den Grat. Um dessen Stärke ist das Gesenk in der Schlagrichtung dicker als beabsichtigt. Nachdem der Grat mit einem geeigneten Schnittwerkzeug warm oder kalt entfernt worden ist, wandert das Werkstück wieder in den Ofen und in das Gesenk, erhält wieder einen Grat, der schon bedeutend dünner ist, und wird weiter abgegratet, ein Vorgang, der sich so oft wiederholen kann, bis die gewünschte Genauigkeit erreicht ist.

Das ist der bekannte Vorgang beim Schmieden einfacher Formen mit einem Gesenk. Um genauere Arbeit zu erzielen, hielt man ein neues, sauber gearbeitetes Gesenk auf einem besonderen Hammer oder einer Presse bereit und schlug den Gegenstand hierin das letztemal nach, während man das andere Gesenk als sogenanntes Vorgesenk benutzte. Sobald das Nachgesenk seine genaue Form verloren hat, wird es ebenfalls nach vorangegangener Nacharbeit zum Vorgesenk erniedrigt, während ein neues an seine Stelle tritt.

Viele Formen von Werkstücken erlauben aber nicht das Einschlagen des rohen Werkstoffes in die fertige Form, weil die Umwälzungen im Stoff zu groß sind. Die Stoffteilchen müssen Wege durchwandern, ehe sie die endgültige Lage erreichen, deren Richtung den Kräften entgegengesetzt ist, welche durch die Druckwirkung im Fertiggesenk auf sie ausgeübt werden. In solchen Fällen muß der Werkstoff oft in viele Vorformen nacheinander umgewandelt werden. Hier hat der Techniker dem Schmied den Hammer aus der Hand genommen.

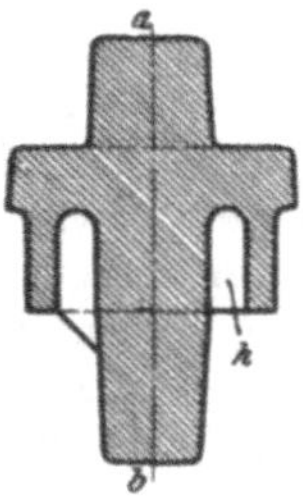

Abb. 31. Schrapnell-Doppelzünder.

Erläuterungsbeispiel. Der Doppelzünder eines Granatschrapnells hat im Längsschnitt die ziemlich einfache Form der Abb. 31: ein Drehkörper mit der Achse ab, bei dem die gleichachsige Kammer k mit einer Toleranz von 0,3 mm auf das genaue Maß gepreßt werden muß, weil sie nicht bearbeitet werden kann, denn eine strahlig angeordnete Rippe von 6 mm Dicke verbindet den Mantel mit dem Zapfen. Diese Rippe muß sehr genau gepreßt werden, da sie von einem engen Kanal durchbohrt ist, der den Zeitzünder mit der Pulverkammer des Schrapnells verbindet.

Abb. 32 zeigt den Zünder in diesem Querschnitt, wobei der Schnitt des fertig bearbeiteten Zünders auf den Schnitt des roh gepreßten Zünders aufgeätzt wurde, damit die Zugabe (in Abb. 32 leicht schraffiert) für die Bearbeitung ringsherum sichtbar wird. Solange diese Zünder aus Messing hergestellt werden konnten, war die Schwierigkeit nicht groß, da die Stahlwerkzeuge beim Pressen dem weichen Messing genügend Widerstand boten; als aber auch das Messing zu Ende gegangen war, machte die Presserei in Eisen anfangs doch Schwierigkeiten.

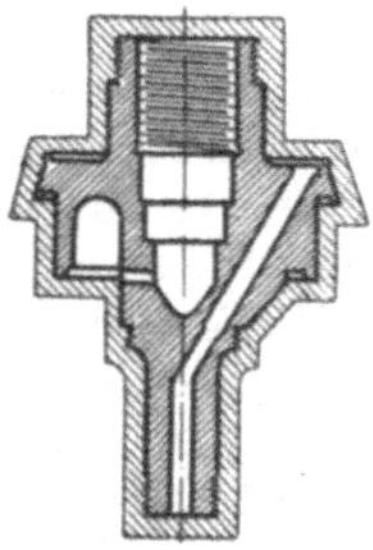
Abb. 32. Schrapnell-Doppelzünder. Schnitt durch den Zündkanal.

In Messing wurde der Zünder in folgender Weise hergestellt:

Der Rohstoff. Eine gespritzte Messingstange wurde mit dünnen Kreissägen (von 1÷2 mm Dicke) in Stücke von 80—100 mm, je nach der erforderlichen Größe des Zünders, gerade geschnitten. Diese Zylinder sind am besten in Gasöfen zu erhitzen. Gut geregelte Gasöfen eignen sich im allgemeinen für die Messingpresserei am besten, sogenannte Plattenöfen, bei denen die Flamme nicht unmittelbar mit dem Werkstoff in Berührung kommt. Bei Gasfeuerung kann die Verbrennungsluft sehr genau eingeregelt werden, so daß kein überschüssiger Sauerstoff in der Flamme enthalten ist. Messing ist eine sehr empfindliche Legierung, und nicht jede Kupfer-Zinklegierung gibt geeignetes Metall zum Pressen und Schmieden. 60 v. H. Kupfer + 40 v. H. Zink oder besser 58 v. H. Kupfer + 42 v. H. Zink eignen sich ausgezeichnet, für festere Gegenstände aber 76 v. H. Kupfer + 24 v. H. Zink. Diese Legierungen brauchen nur um weniges zu schwanken, um schlechtere Ergebnisse zu zeigen. Wenn nun das Messing im hocherhitzten Zustande, der bei der ersten Legierung nicht über 760° hinausgehen darf, von sauerstoffhaltigen Gasen getroffen wird, so oxydiert das Zink und brennt heraus mit blendend weißer Flamme, die durch das Kupfer grünlich gefärbt erscheint. An den Stellen, wo das Preßgut von der Flamme getroffen war, entstehen Oberflächenrisse.

Im Koksfeuer bringt man eine richtige Erwärmung schwer zustande. Ist man aber gezwungen, aus Mangel an Gas Kohlen zu verbrennen, so eignen sich die von mir geschilderten Öfen[1]) am besten dafür, weil diese Öfen ihr Gas selbst erzeugen und erst das fertige heiße Gas mit Luft mischen, wobei die Luftzufuhr einwandfrei eingeregelt werden kann. Diese Öfen werden insbesondere für Messingpressereien ausgeführt, bis zu kleinen Abmessungen für weniger als 1 t Tagesleistung.

Für ganz kleine Preßstücke werden vielfach Muffelöfen benutzt, die zwar sehr gute Ergebnisse liefern, aber ziemlich kostspielig in der Unterhaltung und im Kohlenverbrauch sind. Das so angewärmte Preßgut gelangt ins Vorgesenk auf der Spindelpresse von 180 mm Spindeldurchmesser und wird scharf eingepreßt.

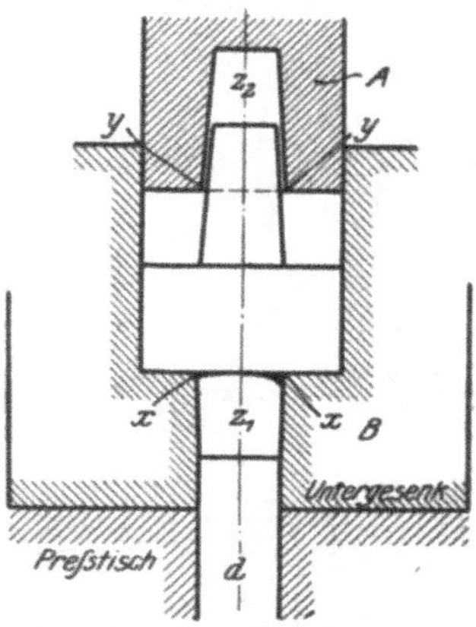

Abb. 33. Das Anspritzen des Zapfens.

Das Gesenk. Abb. 33 stellt das Vorgesenk dar. Es ist ein sogenanntes Spritzgesenk. Der Unterteil *B* bildet einen Hohlzylinder, der unten die schwach kegelige Bohrung z_1 hat. Diese Bohrung geht durch und ist durch den Ausstoßdorn *d* verschlossen. Der Ausstoßdorn ist mit seinem anderen Ende auf einem Querhaupte befestigt, das seinerseits durch zwei Stangen mit dem Preßbär verbunden ist.

Das Obergesenk geht als Kolben im Untergesenk und hat die kegelige Bohrung z_2. Das warme Preßgut wird durch den Druck erst auf den Gesenkdurchmesser gestaucht. Bei wachsendem Druck spritzt das Metall in die Bohrungen z_1 und z_2. Die Kanten x und y sollen scharf sein, um den Spritzvorgang zu erleichtern. Alle zylindrischen Flächen erhalten möglichst schwache Verjüngung stets nach der der Öffnung entgegengesetzten Seite ihrer Gesenkteile zur Erleichterung des Aushebens. Der Preßkörper hat die Form (Abb. 34) angenommen und ist bei guten Gesenken gratfrei. Wenn alles in Ordnung ist, macht der Presser leicht 200 Stück in 1 Stunde. Abb. 34 ist das erste Vorerzeugnis. Beim Messing kann man sofort zum Fertigerzeugnis schreiten, da der Werkstoff sehr bildsam ist.

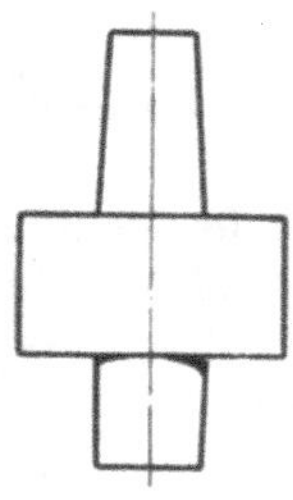
Abb. 34. Preßkörper.

Der Kanal mit der Rippe kann auf zweierlei Weise eingepreßt werden. Der Dorn für den Kanal ist ein ringförmiger Körper, der einen Schlitz für die Rippe *s* hat, wodurch sein Zusammenhang als Ring unterbrochen und seine Festigkeit stark verringert wird (Abb. 35). Das ist um so unangenehmer, als er noch fortgesetzt den stärksten Temperaturunterschieden bei jeder Pressung ausgesetzt ist. Er hat nur 10 mm Wanddicke. Aus diesem Grunde macht man ihn aus dem allerbesten Wolframstahl mit 15÷25 v. H. Wolfram. Dann kann man 1000÷1500 Pressungen ausführen, während er andernfalls höchstens 100÷500 Pressungen aushält. Das Auswechseln der Gesenke und Gesenkteile kostet aber viel Geld, da hierbei nicht nur Zeit verlorengeht, sondern fast jedesmal eine größere Anzahl von Preßteilen im Ofen verschmort.

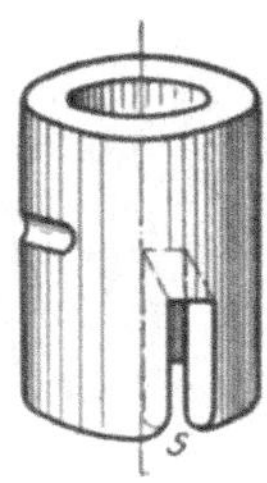

Abb. 35. Preßdorn.

Der Preßdorn wird äußerst fein poliert und darf keine Querriffeln aufweisen. Er wird entweder in das Untergesenk oder in das Obergesenk eingesetzt.

[1]) Siehe Seite 12ff.

Im Untergesenk ist er stets schlecht am Platze, weil der Druck P_1 (Abb. 36) am Rande des Dornes nicht größer sein kann als der Widerstand, den das warme Metall bietet. Das Übermaß des Druckes P über P_1 wird also benutzt, um den Werkstoff zu stauchen; dabei dringt der Dorn ganz allmählich in ihn ein. Erst wenn er das Obergesenk ausgefüllt hat, wird die Druckwirkung P_1 größer, der durch den Dorn verdrängte Stoff fließt in den Richtungen u und v ab (vgl. Abb. 37), Zapfen und Kanalmantel verlängernd, und füllt die Gesenkform aus, indem er den Überschuß als Grat bei g herausdrückt. Das entspricht nicht den Regeln der Gesenkpresserei, denn ein jeglicher Dorn soll von der Kraftquelle den Druck auf den Preßstoff übertragen, nicht der Preßstoff auf ihn, weil der Preßstoff immer nur einen Druck bis zur Verschiebung seiner Teilchen übertragen kann, und das ist bei warmem Metall zu wenig. Dieses Verfahren wird meist in Unkenntnis der Preßvorgänge noch angewendet, weil die Gesenke dabei einfacher werden. Daraus ergeben sich natürlich viel Fehlpressungen. Ganz verfehlt aber ist diese Art der Presserei beim Eisen.

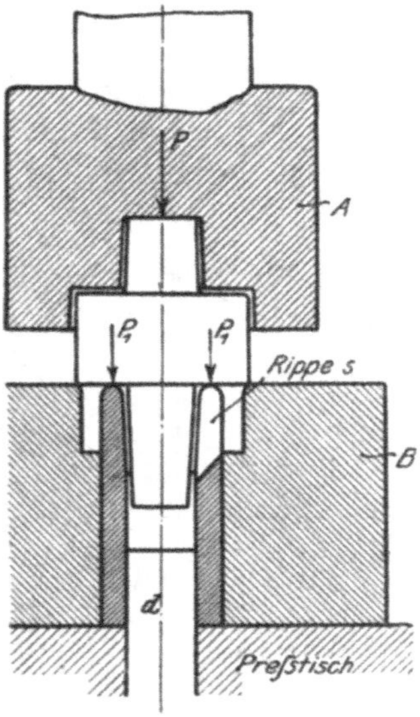

Abb. 36. Falsche Anordnung des Preßdornes.

Wenn man hier ein dickes Arbeitsstück, wie vorher, von 50 mm Durchmesser und mehr verwenden muß, weil ein besser geeignetes nicht vorhanden ist, so kann man wohl auch bei Eisen die beiden Zapfen anspritzen, obgleich die Presse schwerer sein, d. h. 200÷220 mm Spindeldurchmesser haben muß. Das Vorerzeugnis gestaltet sich immerhin noch günstig. Glaubt man aber auf den zweiten Druck fertigpressen zu können, so irrt man sich, denn je heißer man den Werkstoff macht, desto größer wird der

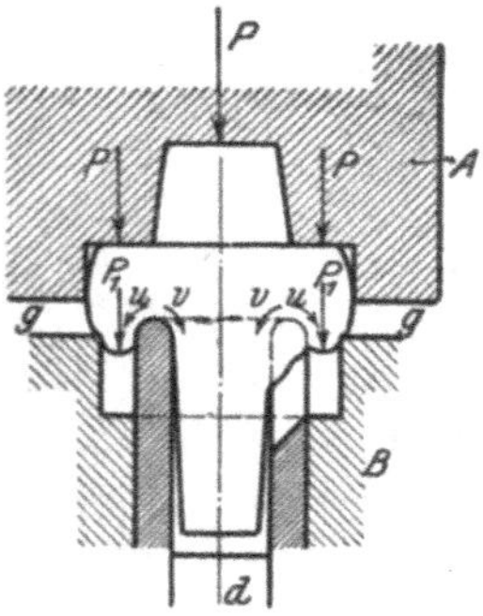

Abb. 37. Fließen des Werkstoffes bei falscher Anordnung des Dornes.

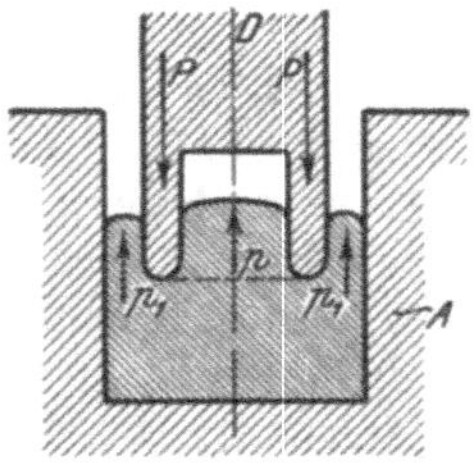

Abb. 38.

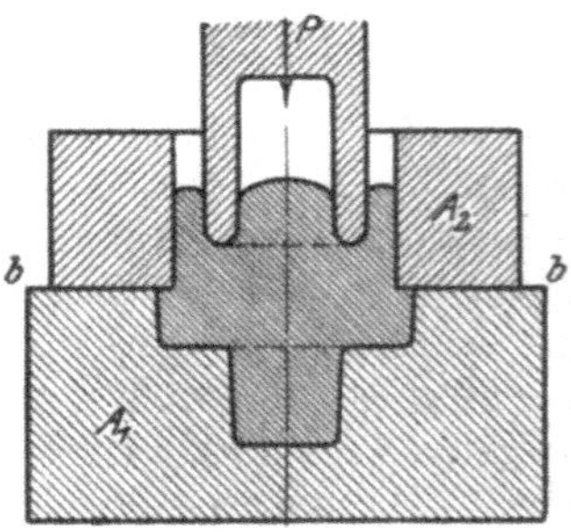

Abb. 39.

Übelstand. Der Kanalmantel wird nicht voll ausgepreßt. Man hat beobachtet, daß er in den meisten Fällen nur eine Höhe von 10 mm erreicht, und hat daher zwei Pressungen anstatt einer vorgenommen, da er eine Höhe von 20 mm haben soll. Meist genügte auch das noch nicht, da 30 v. H. ein drittes Mal nachgepreßt werden mußten. Die billigen Gesenke sind so sehr teuer geworden.

Das mehrteilige Gesenk. Nun bietet allerdings die vorschriftsmäßige Pressung verschiedene Schwierigkeiten hinsichtlich des Gesenkes und der Ausstoßvorrichtung. Man kann sich den Zünder vorstellen als eine Schrapnellhülse, aus deren Boden innen ein Zapfen herauswächst (Abb. 38). Für den Hohlraum würde dann als Dorn ein Ring dienen müssen. Der Werkstoff würde in der Richtung p, p_1 abfließen, wenn man als Gesenk einen zylindrischen Hohlkörper A (Abb. 38) benutzte. Nun hat aber unser Preßkörper unten einen vorstehenden Rand, Abb. 39, der nicht erlaubt, ihn ins Gesenk zu bringen oder, wenn man

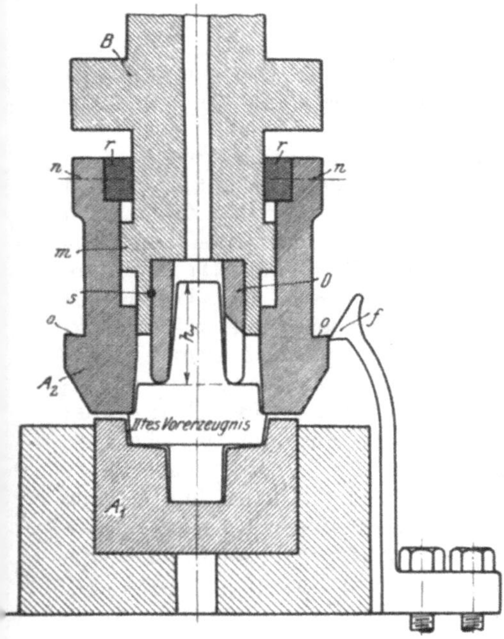

Abb. 40. Das mehrteilige Gesenk.

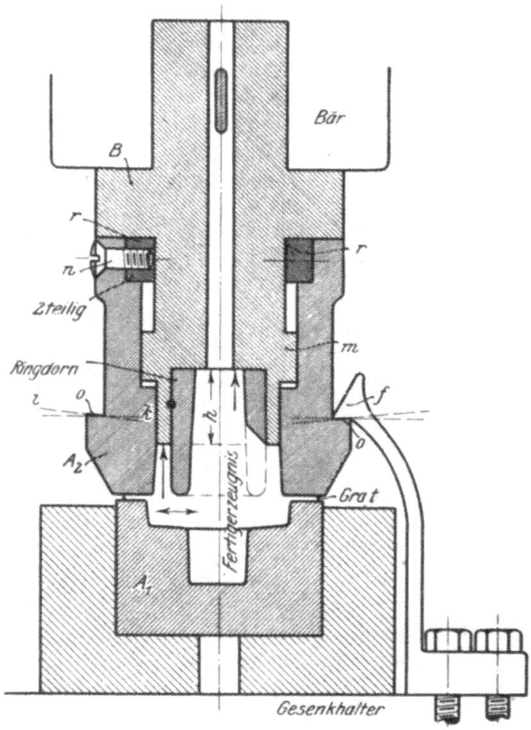

Abb. 41. Wirkungsweise der Ausstoßvorrichtung.

ihn im Gesenk preßt, verhindert, das Preßstück auszuheben. Aus diesem Grunde muß das Gesenk A der Abb. 38 bei b-b geteilt werden, so daß im Untergesenk bereits zwei Teile entstehen, A_1 und A_2, wovon der letztere erst nach Einlegen des Rohlings in A_1 aufgesetzt wird. Durch diese Überlegung ist das Gesenk (Abb. 40) entstanden.

A_1 ist das Untergesenk, in das nur die Form des Zünderkopfes eingedreht ist, B das Obergesenk, das mit einem Zapfen und Querkeil im Preßbär befestigt ist. Auf ihm verschiebt sich der eigentliche zweite Teil des Untergesenkes A_2, der den Kanalmantel umschließen soll. A_2 wird geradegeführt am Obergesenk einesteils durch den ringförmigen Vorsprung m und andernteils durch den zweiteiligen Ring r, der durch die Schrauben n an A_2 befestigt ist. Am unteren Ende des Obergesenks ist der Ringdorn D durch einen seitlichen Stift s befestigt. (Abb. 41) zeigt das Gesenk nach dem Preßvorgange.

Nun fehlt noch die Ausstoßvorrichtung. Beim Dornen (Pressen von Hohlkörpern mittels Dornes) muß stets darauf achtgegeben werden, daß sofort nach der Pressung der Preßling durch irgendeine Abhebevorrichtung vom Dorn entfernt wird. Wenn sich einmal der Preßling durch Abkühlung zusammengezogen hat, ist er auf dem Dorn aufgeschrumpft, und Dorn und Preßling sind verloren. Um so schlimmer, wenn der Dorn so teuer ist wie der vorliegende!

Zu diesem Zweck trägt A_2, Abb. 40, einen Rand o, über den rechts und links zwei Federn f mit ihren Nasen greifen. Nach der Pressung schnappen die Federn über den Rand und halten A_2 und dadurch den Preßling im Untergesenk fest, so daß beim Rückgang der Spindel der Dorn aus dem Gesenk gezogen wird. Sobald aber der Vorsprung m den Ring r berührt, wird A_2 nach oben gezogen, so daß die Federn f gewaltsam zum Zurückweichen gezwungen werden. Alles hängt ab von der richtigen Eindrehung bei o und der Form der Federnasen (Fläche ik), wenn die Federn nicht brechen, aber auch nicht zu früh ausweichen sollen. Das erreicht ein tüchtiger Werkzeugschlosser stets.

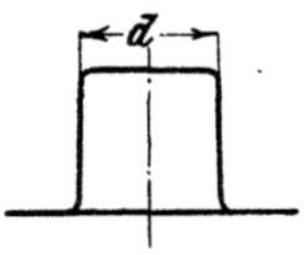

Abb. 42.

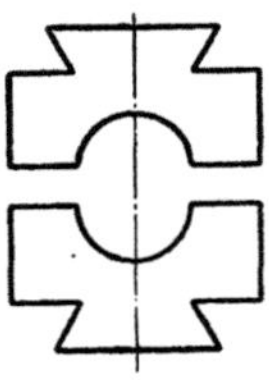

Abb. 43. Vorgesenk.

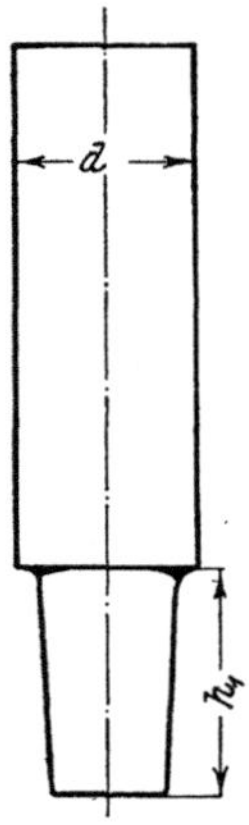

Abb. 44. Ausgangspreßling für den Doppelzylinder.

Vorgesenke. Als Ausgangsstoff wählt man zweckmäßig ein Rundeisen, dessen Durchmesser dem oberen Durchmesser d (Abb. 42), des Zapfens am Kopf des roh gepreßten Zünders entspricht, das sind für 125 mm-Schrapnells 42 mm. Da der untere Zapfen nur 24 mm Durchmesser hat, so muß das Eisen vorgeschmiedet werden, und zwar zweckmäßig in einfacher Weise auf einem kleinen Federhammer mit Drehofen, wie man sie zum Schraubenpressen benutzt. Vorteilhaft sind Ajax- oder Bradleyhämmer, die sich aus dem altbekannten Schwanzhammer entwickelt haben. Zwei kleine Gesenke, wie Abb. 43, an Hammer und Amboß vervollständigen die Einrichtung. Auf einer solchen Vorrichtung schmiedet ein geschickter Schmied täglich 800 ÷ 900 Stücke nach Abb. 44. Der Zapfen erhält die Länge h_1 des fertigen Vorpreßlings (Abb. 40).

Die gesamte Länge dieses ersten Vorerzeugnisses wird bestimmt durch das Gewicht, indem man 15 ÷ 20 v. H. zum Gewicht des fertigen Preßlings zugibt. Hat man letzteres nicht, so erhält man es durch ein paar Versuche. Zum gerechneten Gewicht gebe man anfangs 30 v. H. getrost hinzu, denn es ist meist falsch. Dieses Vorerzeugnis kommt in den Ofen und in das Vorgesenk.

Als Vorgesenkpresse für solche und ähnliche Körper kann man mit großem Vorteil eine liegende Schmiedepresse mit Rädervorgelege benutzen, aber auch jede andere, auf der man die Gesenke einbauen und den nötigen Druck ausüben kann. Die Vorgesenke sollen dem Werkstoff eine Form geben, die fast der Endform entspricht, so daß dem Fertiggesenk möglichst wenig Arbeit übrigbleibt. Es wird dadurch in allen seinen Umrissen geschont, damit sich diese lange erhalten.

Nun besteht das ganze Pressen im Gesenk eigentlich aus dem Stauchen und dem Spritzen, denn das Hohlkörperpressen ist auch ein Spritzen, nur entgegengesetzt der Druckrichtung. Diesen Spritzvorgang überlassen wir hier dem Fertiggesenk, während im übrigen durch Stauchen die Hohlräume ausgefüllt werden sollen. Durch Raumberechnung sind die Gesenke leicht zu bestimmen und zeichnerisch mit genügender Sicherheit festzulegen. Man befolge aber stets die Regel, daß ein Körper im Vorgesenk größer in der Richtung der Druckwirkung der Presse, kleiner senkrecht hierzu gegenüber dem Fertiggesenk auszuführen ist. Wenn z. B. ein Körper vom Querschnitt (Abb. 46) bei einem Durchmesser D und einer Höhe h im Fertiggesenk erhalten werden soll, so mache man im Vorgesenk seine Höhe h_1 größer und seinen Durchmesser D_1 kleiner (Abb. 45). Gewöhnlich genügt ein Unterschied in der Höhe von 5÷10 v. H., so daß

Abb. 45.

Abb. 46.

$$\frac{D^2 \pi}{4} h = \frac{D_1^2 \pi}{4} h_1$$

ist.

Handelt es sich um eine Pressung senkrecht zur Zylinderachse (Abb. 47), so mache man das Vorgesenk oval, Abb. 48, so daß der Querschnitt $Q_1 = Q$ ist. Bei einem vierkantigen Körper (Abb. 49) im Fertiggesenk mache man das Vorgesenk spießkantig (Abb. 50). Um ganz sicher zu sein, daß der Körper gut ausgepreßt wird, gebe man zu allen Raumberechnungen des Vorgesenkes 6 bis 10 v. H. gegenüber dem Fertiggesenk zu, der Überschuß geht in den Grat. Es liegt hier viel im Gefühl, im richtigen Griff und am Ofen, vorausgesetzt, daß die Gesenke einwandfrei ausgeführt sind.

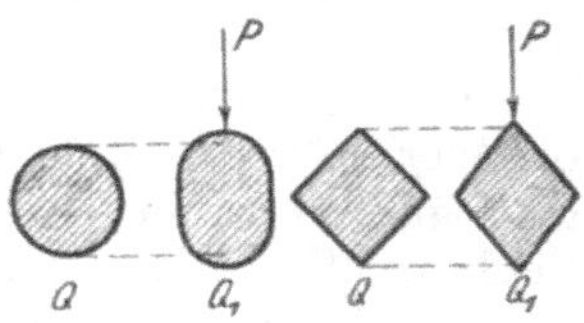

Abb. 47÷50. Formgebung von Querschnitten für das Stauchen.

Stoffverluste. Die Stoffverluste setzen sich folgendermaßen zusammen:

1. bei von der Stange im Gesenk geschmiedet:

a) Ofenverlust (Abbrand)	2 v. H.
b) Abgratverlust	3 „
	5 v. H.

2. bei Abschnitten vom Handelseisen in einem Gesenk einschließlich Nachschlagens:

	a) Abbrand	2 v. H.
	b) Abgratverlust	3 „
Nachschlagen	c) zweiter Abgratverlust	1 „
		6 v. H.

3. bei Abschnitten vom Handelseisen, vorgeschmiedet und in einem Vorgesenk sowie einem Nachgesenk einschließlich Nachschlagens:

Vorschmieden	a) Abbrand beim ersten Wärmen	2 v. H.
	b) Abfall durch das Geradehauen	0,5 „
im ersten Gesenk	c) Abbrand beim zweiten Wärmen	2 „
	d) Abgratverlust	3 „
im zweiten Gesenk	e) Abbrand beim dritten Wärmen	2 „
	f) Abgratverlust	2 „
	g) Abgratverlust	1 „
		12,5 v. H.
	h) durch Schmirgeln und Behandeln mit dem Sandstrahl	1,5 „
		14,0 v. H.

Die Abgratverluste kann man kaum weiter herabsetzen. Sie werden bei gleichem Rohwerkstoffgewicht kleiner, nachdem die Gesenke längere Zeit benutzt worden sind, da sich diese ausweiten. Die Abbrandverluste können jedoch bis auf die oben angegebene niedrigste Grenze beschränkt werden, und zwar durch gute Öfen. Die Ofenanlagen in der Schmiede werde ich in einem andern Aufsatz behandeln (vgl. S. 34), jedoch sei folgendes bereits hier erwähnt: Die Hauptverluste im Ofen entstehen durch Zundern, d. i. Verbindung der Eisenoberfläche mit Sauerstoff. Die Sauerstoffmenge in der Flamme richtet sich nach der Art des Verbrennungsvorganges. Werden die Kohlen unmittelbar auf einem Rost verbrannt und die entstehende Flamme zum Anwärmen des Preßgutes benutzt, so wird zur Verbrennung 3÷4mal mehr Luft verbraucht, als nötig wäre, um den Kohlenstoff in Kohlensäure zu verwandeln. In der Flamme befindet sich nun der Sauerstoff der nicht verbrannten Luft in einer Temperatur von 1000° C und ist in diesem Zustande sehr geneigt, sich mit dem Eisen zu verbinden. Je länger das Eisen im Ofen liegt, desto tiefer dringt der Sauerstoff durch Atomwanderung in den Werkstoff und bildet schwarzes Eisenoxyd, Zunder oder Hammerschlag. Der Werkstoff nimmt an Gewicht zu, da ja Sauerstoff hinzukommt. Die verzunderte Oberfläche fällt aber teilweise im Ofen ab und geht in die Schlacken, teilweise wandert sie in das Gesenk. Bei 1000° C sitzt aber gewöhnlich der an und für sich sehr spröde Zunder fest am Werkstoff, so daß er mit der Bürste nicht zu entfernen ist, gelangt ins Gesenk und wird mit verschmiedet. Teilweise blättert er ab, fällt ins Untergesenk und verdirbt die Form des Gesenkes und des Werkstückes, des Gesenkes durch seine Härte, des Werkstückes durch die Raumverdrängung. Das Werkstück kann sogar ein ganz gutes Aussehen haben, bis der Zunder abfällt durch Erschütterungen beim Schlagen, Drehen usw., so daß das Werkstück erst später in der Hand des Käufers als Ausschuß erkannt wird. Das verursacht Ärger, Unkosten und verdirbt den Ruf des Herstellers: Gründe genug, um endlich einmal die alten Öfen mit unmittelbarer Kohlenheizung aus den Gesenkschmieden auszumerzen. Der Ausschuß beträgt in solchen Schmieden bis zu 10 und 15 v. H., der Kohlenverbrauch bis 100 v. H. des eingesetzten Werkstoffes.

Wenn man die Kohlen außerhalb des Ofens oder im Ofen selbst zuerst vergast und in Kohlenoxyd dadurch verwandelt, daß man der Verbrennung zu wenig Luft zuführt, dann aber dem heißen Kohlenoxyd fast genau diejenige Menge heißer Luft zuführt, die nötig ist, um das Kohlenoxydgas in Kohlensäure zu verwandeln, so hat man eine Flamme, die fast keinen freien Sauerstoff enthält und eine Temperatur bis zu 1500° C entwickelt. Solch eine Flamme zundert einesteils sehr wenig, andernteils ist der Zunder vom Werkstoff durch mechanisch oder mit der Hand betätigte Bürsten leicht zu entfernen. Da sich nämlich der Werkstoff bei der hohen Temperatur von 1200° C auf der Oberfläche mit einer ganz feinen flüssigen Eisenschicht bedeckt, die zwischen Werkstoff und Zunder liegt, läßt sich der Zunder leicht in dem Augenblick wegwischen, wenn das Stück aus dem Ofen kommt. Der Schmied zieht heraus und schwenkt mit kräftigem Ruck den Zunder ab, so daß für die Bürste wenig Arbeit bleibt, wenn es sich um handliche Stücke handelt. Der Ausschuß sinkt auf diese Weise auf 3 v. H., wovon die Hälfte auf Fehler im Werkstoff kommt. Bei der hohen Temperatur braucht das Werkstück außerdem weniger Zeit im Ofen, so daß selbst eine kleinere Herdfläche mehr herausbringt.

Auf diese Weise werden die Stoffverluste bestimmt, die sich aus den angeführten Umständen ergeben. Wenn man das Fertiggewicht des Musters hat, kann man die Rohstoffmenge bestimmen. Man hat für die Kalkulation nur noch die zu kurzen Abfallenden, die sich beim Teilen des Rohstoffes ergeben und als Schrot zurückgerechnet werden, ebenso wie der Grat. Ein Beispiel soll erklären, wie man nun zu der ersten Vorform gelangt.

Ermittlung der Vorform. Abb. 51 stellt einen gewöhnlichen Eisenbahn-Kupplungshaken dar. Durch die Mittelpunkte der Kreisbögen, aus denen sich die Hakenform zusammensetzt, lege man Schnittebenen und zeichne diese Schnitte nebeneinander (Abb. 52). Die Regel sagt: in der Schlagrichtung (P) höher, quer dazu (a-b) schmaler. Die Querschnitte sind um die Ofen- und Schnittverluste zu vergrößern. Unter Anwendung derselben Regel kommt man auf die vorgeschmiedete Form in der dritten Reihe. Wenn man diese Querschnitte der dritten Reihe wieder an ihre Stelle in Abb. 51 legt, so erhält man einen Haken nach Abb. 53. Nun bestimme man die Länge $c\,d$ der mittleren Hakenlinie,

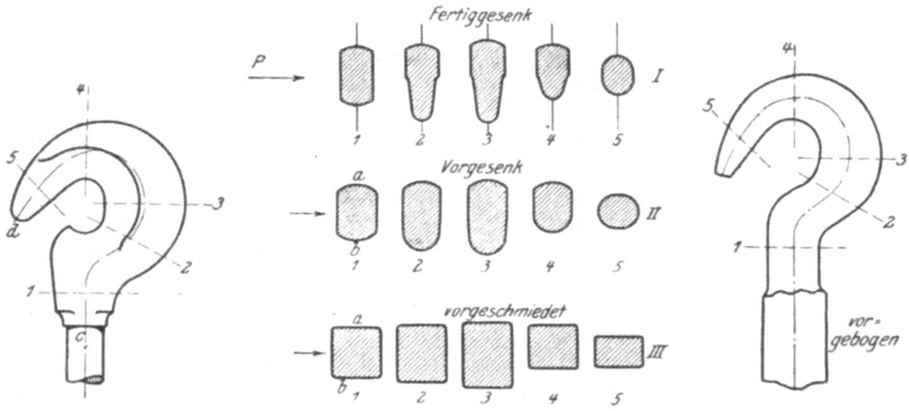

Abb. 51÷53 Herstellung eines Eisenbahn-Kupplungshakens.

bringe diese Länge in eine Gerade und trage in entsprechenden Abständen die Querschnitte der dritten Reihe auf, so erhält man Abb. 54. Beim Schmieden im Gesenk sucht man womöglich alle Querschnitte durch Stauchen zur Ausfüllung der Form zu zwingen, beim Schmieden mit der Hand oder unter dem Hammer jede Form durch Strecken zu erreichen; aus diesem Grunde wird man einen Rohstoffquerschnitt wählen, der einen stärkeren Querschnitt hat als der größte in der dritten Reihe. Da man in der Schmiede, wo man kann, den billigen Stahlknüppel verwendet (da ja der Werkstoff noch genügend durchgearbeitet wird), so wählt man für diesen Fall die Vierkantform 85 auf 85, 90 auf 90, 95 auf 95 mm oder noch stärker, rechnet Bund und Hakenstange nach Gewicht mit Verlusten dazu und hat die Anfangsform des Werkstücks als Knüppelabschnitt von bestimmter Länge.

Jetzt geht es an die Herstellung der Werkzeuge. Der Schmied braucht einen guten Ofen und Dampfhammer, damit er nach Schablone vorschmieden kann. Er braucht gewöhnlich nur einen Flachstab, in den die Breiten und die Dicke eingeschnitten sind, das übrige macht sein Auge. Dann braucht er eine Biegeform und einen Kern, um richtig vorbiegen zu können. Er stellt das erste Vorerzeugnis her in Gestalt von Abb. 54. Nun kann man ein Vorgesenk machen oder gleich im Fertiggesenk schmieden. Das sind Ansichtssachen. Als Techniker ziehe ich das Vorgesenk vor, denn mir kommt es darauf an, ein in jeder Hinsicht einwandfreies Arbeitsstück zu liefern. Denn wenn ich erst im Vorgesenk

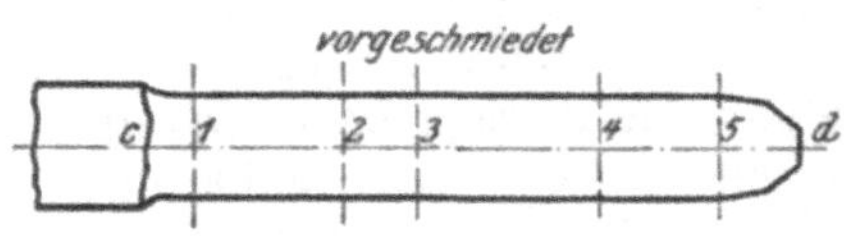

Abb. 54.

schmiede, habe ich die Möglichkeit, den Haken zu beizen und mit der Lupe zu untersuchen, ob der Stoff keine Risse aufweist. Diese Risse kann man ausmeißeln, wenn sie nicht tief sind, und ist dann überzeugt, daß beim Schmieden im Fertiggesenk der Stoff gesund ist. Die Stichproben, die der Abnahmebeamte macht, überzeugen durchaus nicht davon, daß die Stücke, die er nicht untersucht, auch gut sind. Mancher Kaufmann denkt vielleicht anders.

Für das Vorgesenk werden Schablonen aus dünnem Stahlblech mit Schwindmaß hergestellt, die man auf die Gesenkblöcke aufreißt. Jede Hälfte wird mit Fräser, Meißel, und Punze ausgearbeitet, doch so, daß die Mittellinien der beiden Gesenkhälften genau zusammenstimmen. Über die Bearbeitung der Gesenke findet man vieles in der Literatur, so daß ich mich hierüber nicht auszulassen brauche. Hier handelt es sich um die richtige Formgebung. Zu dem Zweck macht man nach Fertigstellung des Vorgesenkes einen Bleiabguß, säubert ihn vom Grat und wägt ihn. Wenn man nun die spezifischen Gewichte umrechnet, so kann man nachprüfen, ob man richtig gerechnet hat, oder man kann hiernach das Gewicht des Rohstoffes und seinen Querschnitt bestimmen. Beim Eisenbahnhaken, der nur als Beispiel dienen sollte, ist die Bestimmung ja verhältnismäßig einfach, ein tüchtiger Gesenkschmied hat das im kleinen Finger. Oft muß man aber andere Wege gehen.

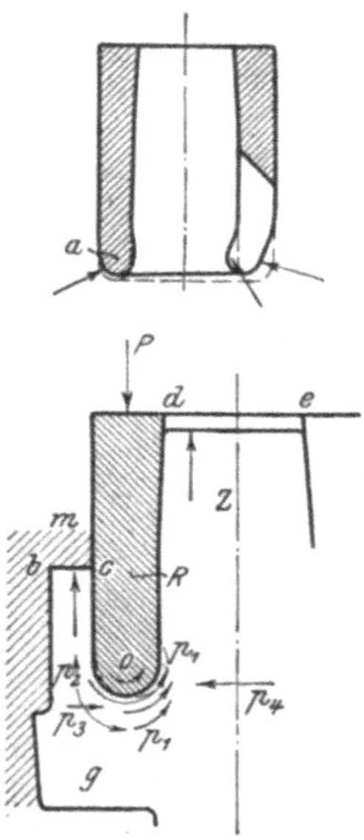

Abb. 55 u. 56. Fehlerhafte Formgebung von Gesenken.

Ist das Vorgesenk zu klein ausgefallen, so wird das Arbeitsstück natürlich nach weiterem Ofen- und Gratverlust nicht ausgepreßt. Ist es zu groß geraten, so wird der Grat zu stark, das Arbeitsstück ebenfalls zu stark, es muß daher öfter nachgeschlagen und nachgegratet werden. Dabei entstehen Verluste durch höheren Stücklohn, Stoff-, Kohlen- und Zeitverluste. Die theoretische Vorarbeit bei der Formgebung der Gesenke halte ich deshalb für sehr wichtig.

Fehler der Formgebung von Gesenken. Wenn wir nun unseren Doppelzünder wieder betrachten, so bemerken wir manchmal nach den ersten Pressungen, daß sich der teure Ringdorn namentlich an der Stelle, wo er am wenigsten widerstandsfähig ist, d. i. an den Ecken *a* des Schlitzes (Abb. 55), in den die Rippe hineinfließt, stark eingebogen hat. Er ist vollkommen unbrauchbar geworden. Der Ringdorn *R* wird mit der Kraft *P* (Abb. 56) in den Werkstoff gedrückt und ruft an seiner Fläche *o* einen Fließvorgang hervor. Der Stoff fließt mit großer Kraft in den Richtungen p_1 und p_2 ab. Durch p_1 wird der Zapfen *Z* verlängert, durch p_2 der Kanalmantel. Wird nun der Kanalmantel, vor dem Eindringen des Ringdornes auf seine vorgeschriebene Tiefe, mit Stoff ausgefüllt, ehe der Zapfen fertig ist, d. h. erreicht der Stoff im Mantelhohlraum früher die Fläche *b c* als der Zapfen in seinem Hohlraum die Fläche *d e*, so kann der Stoff nicht mehr in der Richtung p_2 abfließen, sondern nur in der Richtung p_1 als dem einzigen freien Ausweg, denn auch nach *g* ist er verhindert auszuweichen, da der Stoff hier nicht im Fließen ist. Er drängt also mit der Kraft p_3 den Ringdorn nach der Achse des Zünders, wobei er den Dorn verbiegt. Schuld daran ist, daß das Vorgesenk falsch, nämlich der Zapfen im Vorprodukt zu kurz war. Denn hätte der Zapfen zuerst seine Hohlform ausgefüllt, so wäre die Fließrichtung von p_1 nach p_2 umgekehrt worden, der Ringdorn also mit der Kraft p_4 gegen den Mantel gedrückt, der mit der Gegenkraft p_3 widersteht, so daß sein Stoff nur in dieser Richtung auf Druck beansprucht wird, was er bei seiner Zusammensetzung aushalten würde. Am wenigsten wird er beansprucht, wenn der Zapfen und der Mantel zu gleicher Zeit fertig werden.

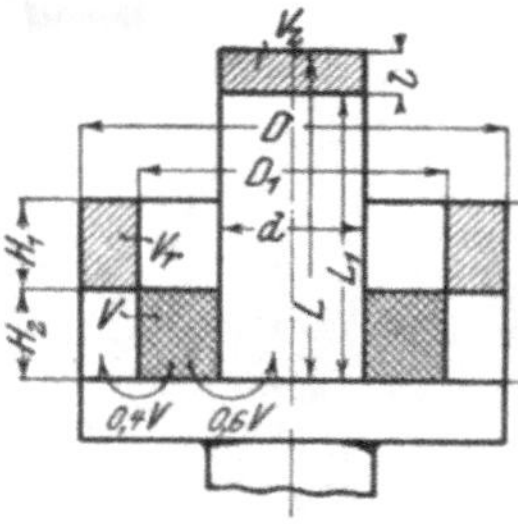

Abb. 57. Berechnung der Stoffverdrängung.

Um das zu erreichen, lege man die entsprechenden Querschnitte des gedachten Vor- und des gegebenen Fertigerzeugnisses aufeinander und werde sich klar über die zu verschiebenden Stoffmengen und über den Vorgang bei der Verschiebung. Im vorliegenden Falle des Zünderkörpers zeigt Abb. 57 diese Querschnitte. Die gekreuzte Strichelung V zeigt im Vorerzeugnis die Form und Lage der Stoffmenge, die verschoben werden soll, die einfache Strichelung im Fertigstück V_z, V_r die bereits verschobene Stoffmenge. Beide Stoffmengen (Rauminhalte) sind einander gleich. Hieraus ergibt sich eine einfache Berechnung. Da $V = V_r + V_z$, wäre das theoretisch richtige Verhältnis also $V_r = V_z = \frac{V}{2}$. Da dies aber schwer zu erreichen ist, so mache man z. B. $V_r = 0{,}4\ V$ und $V_z = 0{,}6\ V$.

H ist die gewünschte Höhe des fertigen Stückes, also bekannt,
H_2 die Ballenhöhe des Vorerzeugnisses,
L die gewünschte Zapfenlänge des fertigen Stückes, also bekannt,
L_1 die Zapfenlänge des Vorerzeugnisses.
f_r und f_z sind die Querschnittsflächen von V_r und V_z.
Es werden gesucht H_2 und L_1.

$$V = V_r + V_z\,,$$

da V_r früher fertig werden soll, so sei

$$V_r = 0{,}4\ V$$
$$V_z = 0{,}6\ V\,.$$

Dann ist

$$0{,}4\ V = V_r = \left(\frac{D^2\pi}{4} - \frac{D_1^2\pi}{4}\right)H_1 \quad \Big\| \quad \frac{D^2\pi}{4} - \frac{D_1^2\pi}{4} = f_r\,,$$

$$V = \left(\frac{D_1^2\pi}{4} - \frac{d^2\pi}{4}\right)H_3 \quad \Big\| \quad \frac{D_1^2\pi}{4} - \frac{d^2\pi}{4} = f_z\,,$$

$$\frac{0{,}4\ V}{V} = \frac{f_r}{f_z}\frac{H_1}{H_2}\,.$$

$$\left.\begin{array}{l} 1)\ \dfrac{H_1}{H_2} = 0{,}4\,\dfrac{f_z}{f_r} \\ 2)\ H = H_1 + H_2 \end{array}\right\}\ \text{hieraus sind } H_2 \text{ und } V \text{ bestimmt.}$$

$$V_z = 0{,}6\ V = \frac{d^2\pi}{4}\,l\,.$$

$$3)\ l = \frac{2{,}4\ V}{d^2\pi}\,.$$

$$4)\ L_1 = L - l\,.$$

Wenn die Höhe H_2 des Vorerzeugnisses richtig gewählt ist, muß $V = V_r + V_z$ und $H = H_1 + H_2$ sein. Da nun das Vorerzeugnis einen gewissen Stoffüberschuß hat, so wird der überflüssige Stoff nach Fertigstellung des Ringmantels zwischen Oberteil und Unterteil des Gesenkes als Grat herausgedrückt.

Herstellung eines Körpers mit geringster Stoffzugabe. Ein anderer bemerkenswerter Teil dieses Granatschrapnells ist die kleine Granate, die unter dem Zünder liegt und trotz ihrer Einfachheit manche Aufmerksamkeit verlangt. Es soll ein Körper gepreßt werden, der so wenig wie möglich Zugabe zum Bearbeiten hat (Abb. 58). Das sehr einfache Untergesenk A besteht aus einem Stahlstück mit der richtigen Eindrehung und ist in einem Gesenkhalter G am besten durch warmes Einschrumpfen (unter der Presse) befestigt. Der Dorn C_2 ist durch einen Keil im Oberteil B befestigt. Als Rohstoff benutzt man Vierkantknüppel oder Knüppel mit Spitzbogenquerschnitt, dessen Diagonale um ein weniges kleiner ist als der Durchmesser D des Gesenkes (Abb. 59 bis 61). Ist nun der Dornquerschnitt $\frac{d^2\pi}{4} = 4f$ (nach dem früheren Ehrhardschen Patent, Abb. 61), so wird der Rohstoff beim Dornen nur die Hohlräume f ausfüllen, ohne in die Höhe zu gehen. Will man aber unbedingt den Rand r (Abb. 62) anpressen, so nehme man Rundknüppel vom annähernden Durchmesser von D. In diesem Falle ist der Vorgang folgender: Der Dorn wird zuerst den Rohstoff stauchen (Abb. 63), bis er die Gesenkform ausgefüllt hat, so daß bereits der Rand r mit einem schrägen Ablauf zum Dorn gebildet ist. Hat aber einmal die Unterkante des Dornes die Unterkante R des Randes im Gesenk erreicht, so nimmt die Höhe H des Randes nicht mehr zu, sondern der Stoff wird im

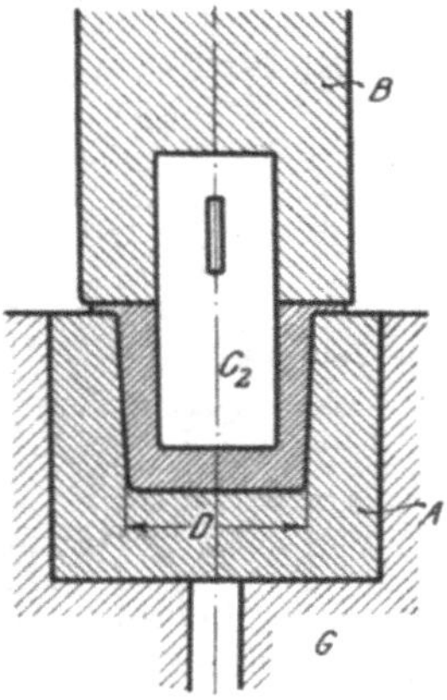

Abb. 58.

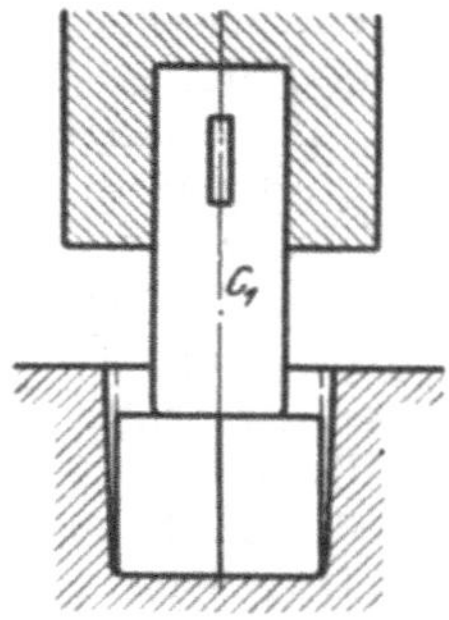

Abb. 59.

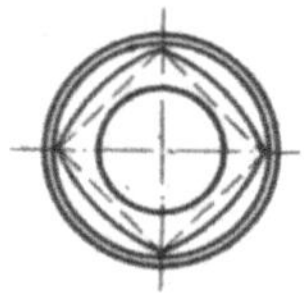

Abb. 60.

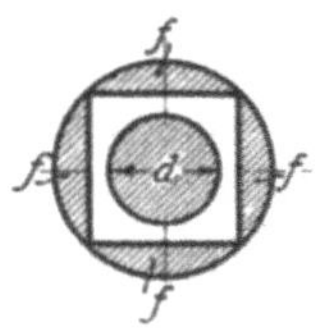

Abb. 61.

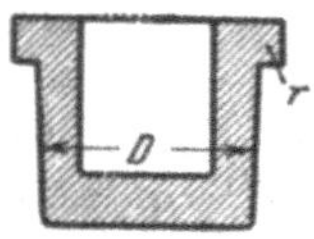

Abb. 62.

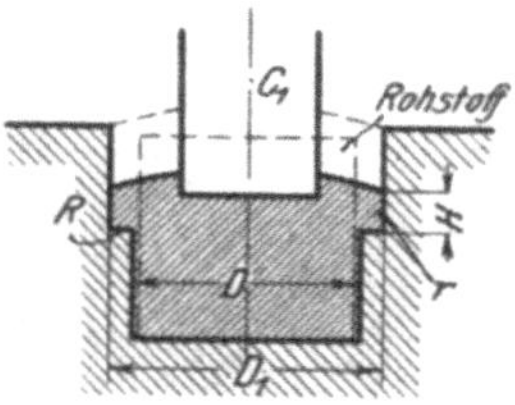

Abb. 63.

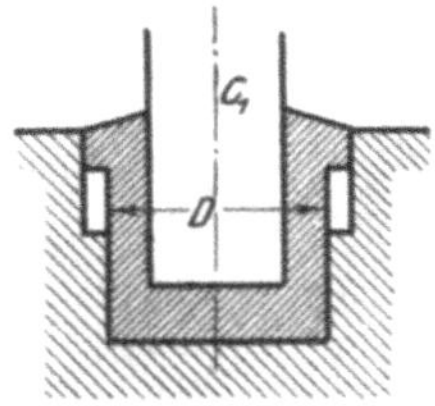

Abb. 64.

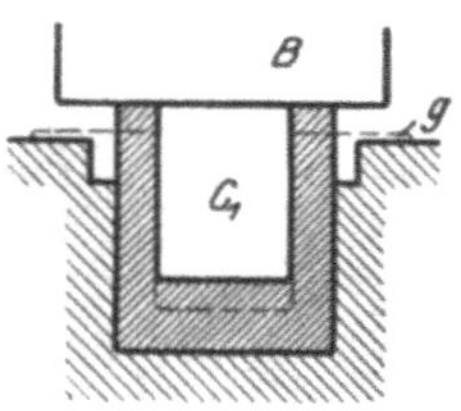

Abb. 65.

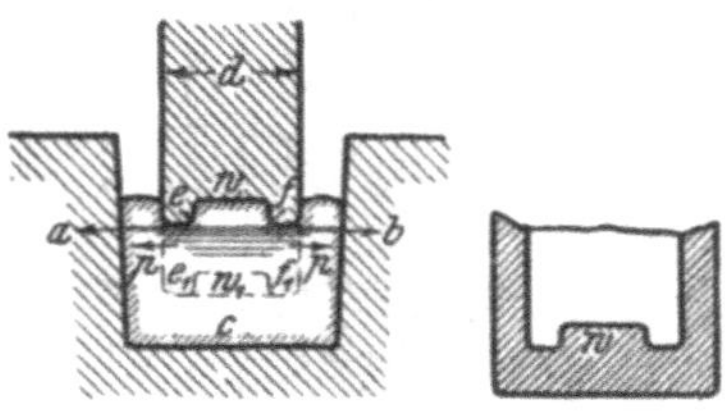

Abb. 66 u. 67. Herauspressen einer Warze.

Abb. 58÷67. Herstellung eines Körpers mit geringster Stoffzugabe.

Durchmesser D hochgedrückt (Abb. 64). Da die Abschrägung am Kopfe des Randes ziemlich gleichmäßig und sauber wird, ohne daß man Grat erhält, so kann man ihn so belassen. Will man aber die Oberkante gerade erhalten, so presse man mit kleiner Eindrehung und kürzerem Zapfen (Abb. 65), damit der Oberteil den höher gedrückten Stoff in die Randausdrehung zurückstaucht. Diese Art der Pressung braucht viel mehr Druck und erzeugt bei g Grat. Alle Maße können rechnerisch leicht festgelegt werden.

Wenn die Warze w (Abb. 66) im Preßling ausgeführt werden soll, so muß man den soeben hergestellten Preßling nochmals in den Ofen bringen und mit einem besonderen Dorn mit Ausbohrung w im Gesenk nachpressen. Die Pressung gleich mit einem solchen Dorn vorzunehmen, um eine Pressung zu ersparen (Abb. 67), ist nicht angängig, und zwar aus folgendem Grunde: Wenn der Dorn mit dem Hohlraum w in den warmen Werkstoff eindringt, so füllt sich zuerst seine Höhlung, die die Warze bilden soll, mit Werkstoff aus, dessen Gefüge hierdurch sehr wenig verändert wird, da er nicht gedrückt wurde; denn bisher war nur der Ringquerschnitt ef der drückende Teil. Sobald aber der Hohlraum des Dornes durch w ausgefüllt ist, wirkt der Dorn wie ein voller. Der Stoff fließt unter ihm nach a und b. Bei Beendigung der Pressung geht der Dorn zurück und läßt w_1 scheinbar angeschweißt am Stoff der Innenfläche des Bodens. Nun hat aber der Stoff der Warze w ein anderes Gefüge als der durch den Fließvorgang gegangene Teil. Die Grenze dieser beiden Gefügearten ist die Ebene $e_1 f_1$. Sei es nun durch den Vorgang der Rekristallisation in c oder durch verschiedene Zusammenziehungen der beiden Teile, die Warze w_1 löst sich entweder bei Erschütterungen oder beim Bearbeiten, wobei gewöhnlich die Flächen blank sind. Das ist kein sicheres Preßverfahren. Wenn man also die Warze durchaus pressen will, so muß das in einem zweiten Preßgang geschehen; dabei ist aber zu beachten, daß die Höhe der Büchse hierbei etwas zunimmt.

Anwendungsmöglichkeiten. Formen, wie die geschilderten, sind nicht ausschließlich für Geschosse verwendbar. Der geschickte Konstrukteur wird manchmal Stahlteile anstatt Formguß wählen, wenn er weiß, daß die meisten Formen in der Gesenkpresserei keine Schwierigkeiten machen. Es lohnt sich fast stets, sogar für einige hundert Arbeitstücke, Gesenke herzustellen, denn oft kann man mit den einfachsten Gesenken Formen aus Konstruktionsstahl erzielen, die infolge ihrer Leichtigkeit und Festigkeit den Formguß bei weitem übertreffen, die Konstruktion vereinfachen und verbessern und an Bearbeitung sparen.

So kann man Hülsen bis zu $2\frac{1}{2}$ und 3 mm Wanddicke, ferner Kappen, Glocken, Ventile u. a. m. mit sehr einfachen Werkzeugen in Stahl pressen, wobei man als Werkstoff Stahlknüppelabschnitte verwendet. Wenn man die verschiedenen Teile normalisierter Maschinen daraufhin einer Prüfung unterwirft, kann man überzeugt sein, daß ein großer Teil davon leicht im Gesenk hergestellt und dadurch eine lange Bearbeitung gespart werden kann.

Wenn nun oben ausschließlich kleine Werkstücke behandelt worden sind, so geschah das deshalb, weil man die größten Schwierigkeiten gerade bei ihnen findet. Große Gesenkstücke, wie Motorteile, Achsen und Gelenkstücke für Automobile und Eisenbahnräder, sind verhältnismäßig einfach zu pressen. Es handelt sich hier mehr um die Festigkeit des Gesenkstoffes. Denn mit den Kräften, die uns heute zur Verfügung stehen, bringen wir schon gewaltige Stoffmengen zum Fließen. Je größer die Form, desto einfacher der einzelne Arbeitsgang. Wieviel mehr müssen Stoff und Werkzeug aushalten bei der Herstellung kleiner verwickelter Werkstücke, die zu Millionen in kurzer Zeit erzeugt werden müssen!

Mit dem Gesagten ist das Gebiet der Formgebung der Gesenke noch lange nicht erschöpft, deshalb werde ich in einem folgenden Aufsatz das Faltungssystem behandeln, das zwar nicht reine Gesenkschmiederei, aber deshalb nicht weniger beachtenswert ist.

3. Das Faltungssystem[1]).

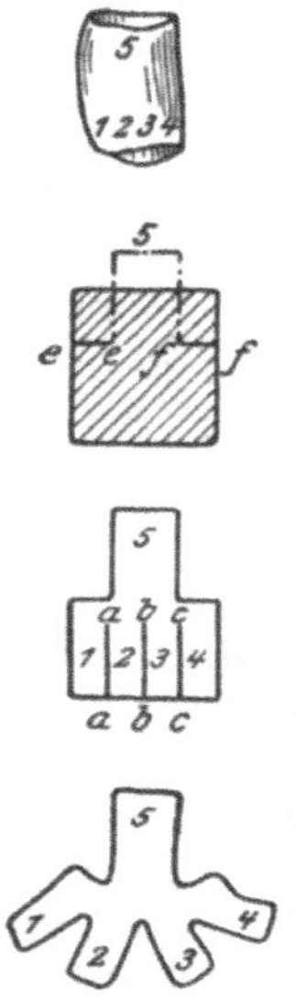

Abb. 68÷71. Einfache Art des Schmiedens einer Gabel.

Die Faltung als technisches Arbeitsmittel. Früher glaubte man, daß das Hühnchen bereits im gelegten Ei in unendlich kleinem Raum zusammengedrängt vorhanden sei und beim Brüten durch Stoffaufnahme nur vergrößert werde, daß die Rose fertig in der Knospe schlummere, bis die Sonnenstrahlen ihr den Saft zuführen, der sie vergrößert. Der Chemiker hat uns gelehrt, daß die Natur ein Atom an das andere setzt, wie Ziegelsteine im Gebäude, um eine Form nach ihren Gedanken aufzubauen. Dabei ergreift die Natur den ihr passenden Rohstoff, analysiert das Passende heraus und wirft den unbrauchbaren Rest fort.

Der Techniker baut seine Maschinen anders. Er ergreift ein möglichst großes Stück Rohstoff und schält oder knetet die Form heraus. Er kann eine Form nicht aus Atomen zusammensetzen, wie man ein Haus baut. In seinem Rohstoff ist stets die fertige Form bereits enthalten. Die Natur arbeitet von innen nach außen, der Techniker umgekehrt. Wenn er schält, bleibt die gedachte Form starr im Innern des Rohstoffes, bis er alles Überflüssige abgenommen hat. Wenn er aber den Rohstoff schmiedet, so muß er ihn vorher in eine ganze Reihe angenäherter Formen bringen, die sich eine nach der anderen der Vollendung nähern. Man hat in der Natur kein Beispiel dafür, daß ohne frische Stoffaufnahme eine Entwicklung vom Rohstoff zur Endform vor sich geht.

Urbeispiel einer Faltung. Ich habe einmal in der Kirgisensteppe östlich von Astrachan einen Zigeuner aus einem Stück alten Eisens eine Gabel schmieden sehen und dabei Betrachtungen angestellt, was er sich dabei denke. Frau und Tochter des Mannes wechselten miteinander im Ziehen des Blasebalges und im Zuschlagen. Das Stück Eisen (Abb. 68) wog ungefähr 1 kg. Zuerst breitete er das Eisen ohne Stoffverlust in eine viereckige Platte von Fingerdicke (Abb. 69), kerbte es bei *e*, *e* und *f*, *f* ein, stauchte den flachen Zapfen 5 heraus (Abb. 70) und schlitzte den breiten Teil nach *a*, *b*, *c* für vier Zinken. Dann bog er die vier Teile auseinander (Abb. 71) und streckte jeden zu einem dünnen Zinken aus, den er mit dem Setzhammer im Rundungsgesenk glättete. Darauf wurde der flache Zapfen 5 gebreitet und zur Tülle gebogen. Die Gabel war in 1½—2 Std. fertig, dann erst fing er eine neue zu schmieden an. Er hatte, von der Urform beginnend, 12 Arbeitsgänge gemacht, ungerechnet die Arbeitsgänge, die nur zur Verschönerung dienten.

1. Breiten des Rohstoffes, 2. Schlitzen des Tüllenschaftes, 3. Stauchen und Strecken des Tüllenschaftes, 4. Schlitzen der Zinken, 5. Auseinanderbiegen der Zinken, 6., 7., 8., 9. Strecken je eines Zinkens, 10. Biegen der Zinken in die Gabelform, 11. Breiten des Tüllenschaftes, 12. Biegen der Tülle.

Verfolgen wir jetzt rückwärts die Gedanken des Schmiedes! Ihm schwebte das Bild der fertigen Gabel vor. Dazu stand ihm ein Rohstoff zur Verfügung,

[1]) Aus Z. d. V. D. I., 1921, Nr. 12.

wie er ihn gerade auf der Straße fand und dessen Masse er durch Abwägen in der Hand bestimmte. Jeden Gabelzinken formte er im Geiste zurück, indem er ihn ineinanderschob zur flachen, kurzen Form, dasselbe tat er mit der Tülle und legte alles aneinander zu einer dünnen Platte, die er zu einem Stück Rundeisen zusammenrollte. Das ließ sich leicht vergleichen mit jeder einfachen Rohstofform, wie sie der Zufall bot. Daraus wieder entwickelte er die verschiedenen Arbeitsgänge, wie sie geschildert wurden, wobei ihm jede Entwicklungsform scharf ausgeprägt vor Augen stand, genau die Abmessungen schätzend und die betreffende Eisenmenge berechnend. Die Gewohnheit hatte seinen Blick geschärft. Aber ununterbrochen war sein Gehirn in angespannter Tätigkeit, um das Gelingen der Arbeit zu sichern.

Neuzeitliche Faltungsverfahren. Herstellung einer Gabel. Ich weiß nicht, wie lange es her ist, daß man auf diese Weise bei uns Gabeln geschmiedet hat, ich weiß aber, wie man sie heute schmiedet. Der Techniker hat mit seiner Maschine eingegriffen, ihm scheint indes die Arbeitsweise des Zigeuners vorgeschwebt zu haben. Er hat die alte Art in neue Form gebracht und sie mit Forderungen der Wirtschaftlichkeit und gegebenem Rohstoff vereinigt. Er hat die Zinken zusammengerollt (Abb. 72) und die äußeren 1 und 4 nach oben zum Tüllenschaft gebogen, um als Form des Rohstoffes ein flaches Walzeisen von der Breite B benutzen zu können; denn die dünne Form der Gabel hat von selbst auf Flacheisen hingewiesen. Die Wirtschaftlichkeit, der Wunsch, Stoffabfall zu vermeiden, veranlaßte ihn, der Urform womöglich eine solche Gestalt zu geben, daß ihre Lücken und Einschnitte durch Teile einer benachbarten entsprechenden Form ausgefüllt würden. So ist der Gabelschnitt (Abb. 73 und 74) entstanden, fast ohne Abfall. Das Messer einer Maschine schneidet aus dem fortlaufenden Streifen nur die Zinken 2 und 3, wobei sich die beiden Zinken 1 und 4 sowie die Tülle 5 von der Breite b als Stanzreste ergeben, gleichzeitig aber als Teile der benachbarten Gabelform. Zwischen dem Abheben der gestanzten Vorform und ihrem Beiseitelegen verbiegt der Gehilfe das rotwarme Eisen im zweiten Arbeitsgang (Abb. 75), um die Zinkenzapfen für den Streckhammer freizulegen. Dann kommt der Schmied an die Reihe. Dieser streckt nur die Zapfen zu Zinken aus, und zwar unter dem mechanisch betriebenen Federhammer, 400 Stück täglich. Sein Gehilfe, der den Stoff im Ofen wärmt, biegt ihm Zapfen und Zinken paßrecht, damit ihn die sperrigen Stücke nicht stören. So geht er über die Arbeitsgänge III, IV, V und VI in Abb. 76 ÷ 79. Ein anderer Mann bringt die Zinken in ihre vorgeschriebene Form im Arbeitsgang VII (Abb. 80), ein dritter breitet die Tülle im Gang VIII (Abb. 81) und der letzte biegt sie zu einer Hülse für den Stiel im Arbeitsgang IX (Abb. 82).

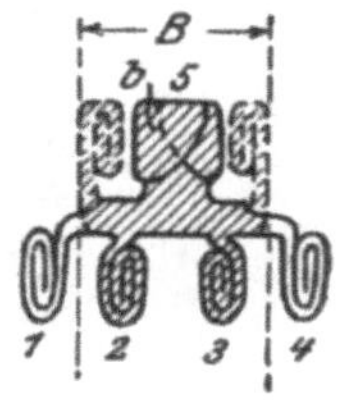

Abb. 72. Ältere Art der Faltung.

Der Zigeuner brauchte ohne Verschönerungsarbeit 12 Gänge, der Techniker setzte durch besser Faltung gleich bei dem Arbeitsgang 4 (Abb. 71) ein und brauchte ebenfalls ohne Verschönerungsarbeit nur 9 Gänge bis zur endgültigen Form; er teilte die Arbeit und ließ 5 Arbeiter 100 Gabeln in einem Tage herstellen, gegenüber dem Zigeuner, der nur 5 Gabeln in derselben Zeit erzeugte. Der Techniker schaffte also viermal mehr.

Da kam ein anderer Techniker, der in seinem Geiste die Gabel anders faltete. Er griff an die Tülle und zog die Gabel durch die linke Hand, daß sie eine Form annahm wie in Abb. 83. Er schnitt ein passendes Stück Flacheisen ab und schlug es mit ein paar kräftigen Schlägen ins Gesenk, so daß die vier Zinken sich ausbildeten, schnitt die vier Zinken auseinander und war mit 2 Arbeitsgängen bereits beim Arbeitsgang VII seines Vorgängers angelangt. Ihm fehlten zur Vollendung nur noch 3 Gänge, die er nachahmte. So war er mit 5 Arbeitsgängen fertig, gegenüber 9 seines Vorgängers und 12 des Zigeunerschmiedes. Seine beiden ersten Arbeitsgänge lieferten ihm 1000 Vorformen täglich; III, IV und V kamen jedoch nicht nach. Er mußte bei jedem dieser Gänge 2½ Arbeiter anstellen, dann erst wurden 1000 Gabeln fertig, wobei er 10 Mann brauchte. Es kamen aber auf jeden Mann dafür 100 fertige Gabeln, gegen 20 seines Vorgängers und 5 des Zigeunerschmiedes. Der Vorteil entstand ihm aus der günstigen Faltung des fertigen Stückes in die Vorform[1]).

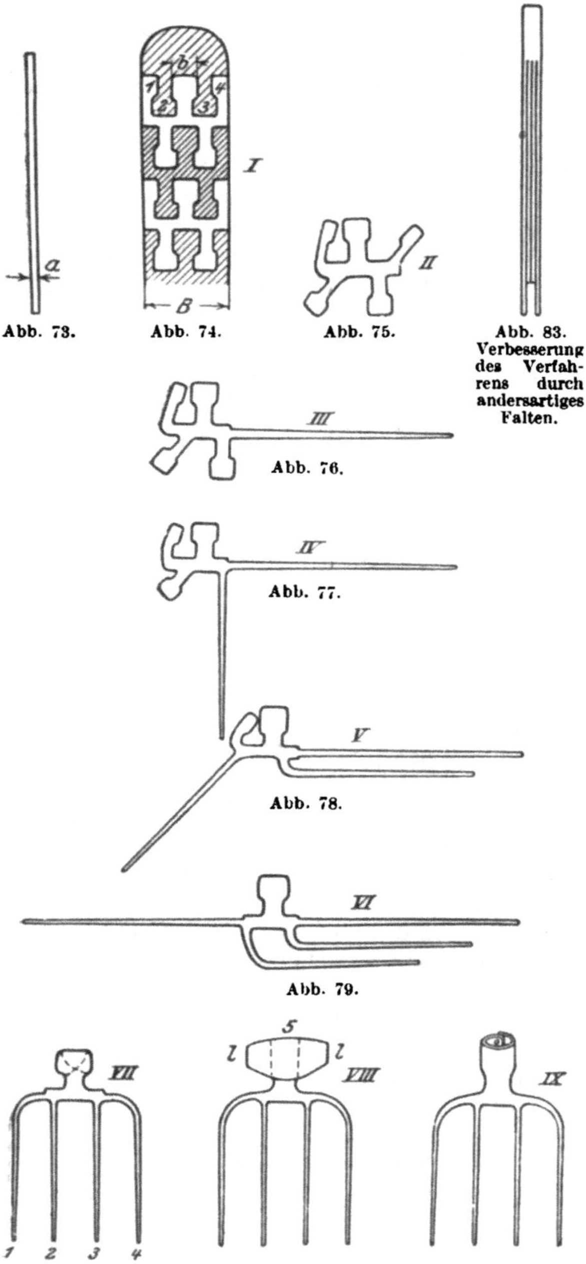

Abb. 73. Abb. 74. Abb. 75. Abb. 76. Abb. 77. Abb. 78. Abb. 79. Abb. 80. Abb. 81. Abb. 82.

Abb. 83. Verbesserung des Verfahrens durch andersartiges Falten.

Abb. 73÷83. Arbeitsgänge bei neuzeitlichem Schmieden einer Gabel.

Stütze mit zwei Armen. Das Beispiel soll das Faltungssystem erklären, wie es in der Schmiede bei vielen Formen mit Vorteil verwendet werden kann. Der kleine Massenartikel macht dem Techniker die größte Sorge, nicht der große, massige Maschinenteil. Da hilft uns das Faltungssystem über viele Schwierigkeiten hinweg und schafft ständig neue Anregung für den phantasiebegabten Geist des Menschen. Ein anderes einfaches Beispiel ist eine Stütze mit zwei Armen, wie sie häufig gebraucht wird (Abb. 84). Beim ersten Blick verfällt der Schmied sofort auf das „Querschweißen". Vollkommen unnötig, denn das Ankleben soll man in der Schmiede nur dort ver-

[1]) Ähnlich werden heute die Gabeln in Profilen vorgewalzt.

wenden, wo es nicht zu umgehen ist! Der gewachsene Ast hält besser als der geleimte. Wenn man sich die Stütze zusammengefaltet denkt (nach Abb. 85),

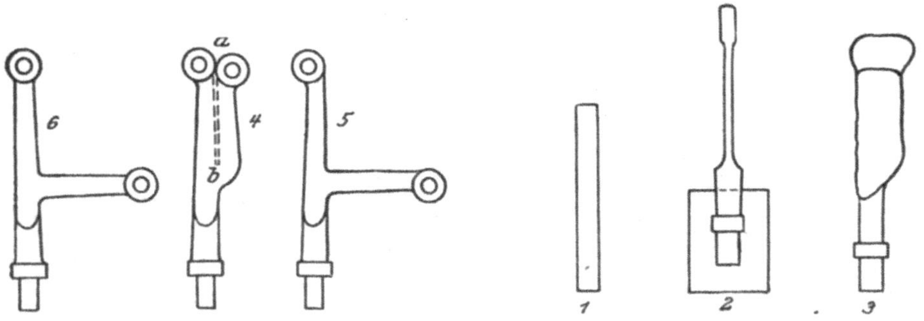

Abb. 84÷89. Stütze mit zwei Armen. Arbeitsgänge 1÷6.

kann man sie aus Rund- oder Vierkantstahl vorschmieden, Zapfen und Bund im einfachen Gesenk vorschlagen und den Oberteil breiten und strecken (Abb. 87÷89),

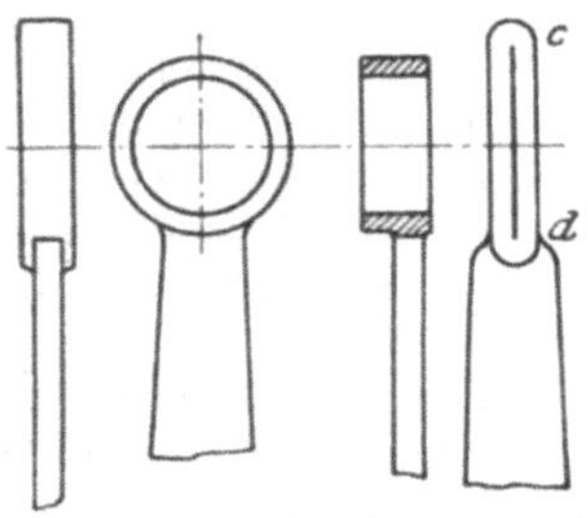

Abb. 90÷93.
Herstellung eines Öhrs.

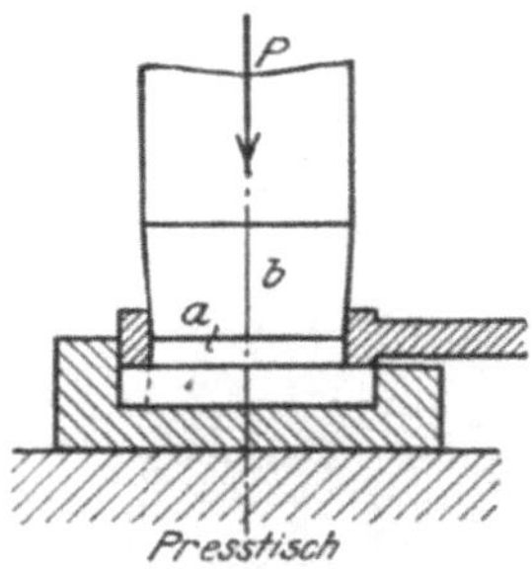

Abb. 94.
Schlitzen des Öhrs auf der Presse.

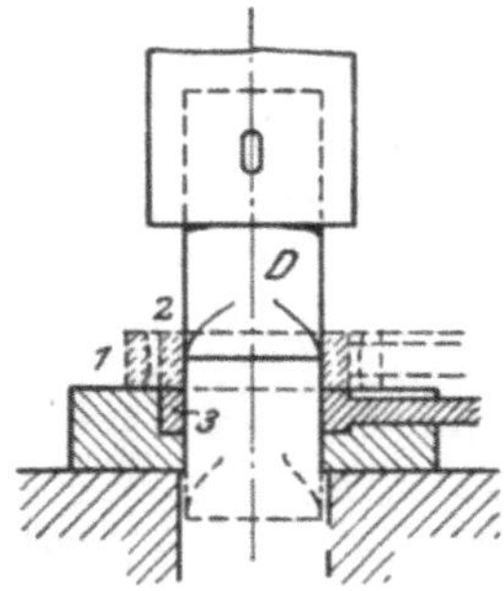

Abb. 95.
Ausweiten des Öhrs.

so daß der Rauminhalt (Abb. 85) mit etwas Überschuß in der Vorform enthalten ist. Wenn man nun die Stütze im Gesenk schlägt (nach Abb. 85), abgratet und noch warm auf der dünnen Kreissäge nach *ab* schlitzt, nach Vorschrift gemäß Abb. 86 und 84 biegt und die Köpfe in kleinem Gesenk nachschlägt, so erhält man die vollendete Form.

Das Öhr (Abb. 90 und 91) ist auch noch einfach. Man klappt es nach Abb. 93 zusammen, schlitzt es auf der Presse nach *cd* zwischen den beiden keilförmigen Messern *a* und *b* (Abb. 94) und weitet es mit dem Dorn *D* aus (Abb. 95). Um ihm die genau runde Form zu geben, kann man es nun auf zweierlei Weise bearbeiten. Entweder weitet man es auf derselben Presse, indem man es nach Abb. 95 durch den Dorn von der Form 1 in die Form 2 bringt und durch Weiterpressen gleichzeitig in das Gesenk 3 drückt, oder man schlägt es mit dem Dorn zusammen in ein passendes Gesenk ein (Abb. 96).

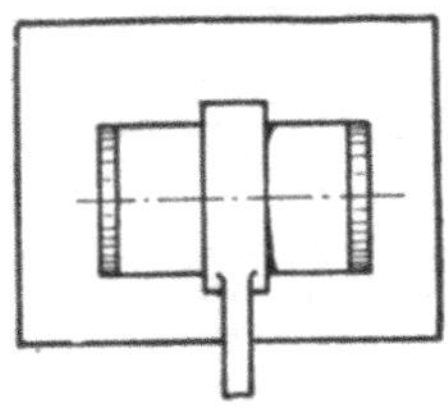

Abb. 96. Rundpressen des Öhrs mit dem Dorn.

Hülsenförmiger Ansatz eines Körpers. Etwas verwickelter wird der Faltungsvorgang schon bei einem hülsenförmigen Ansatz eines Körpers, wie ihn Abb. 97 im Grundriß und Abb. 98 im Schnitt zeigen. Aber nur für das Gehirn! Beim Faltungssystem muß man sich die Gegenstände stets aus Gummi denken oder, wenn es die Gedanken allein nicht fertigbringen, sie wirklich

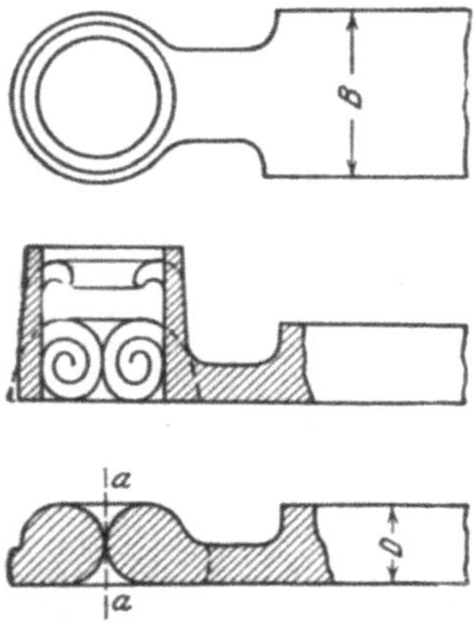

Abb. 97÷99. Faltungsvorgang bei einem Körper mit hülsenförmigem Ansatz.

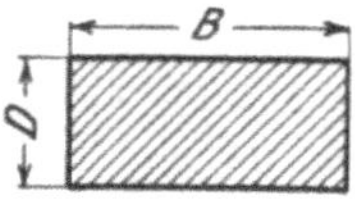

Abb. 100.

Abb. 101.

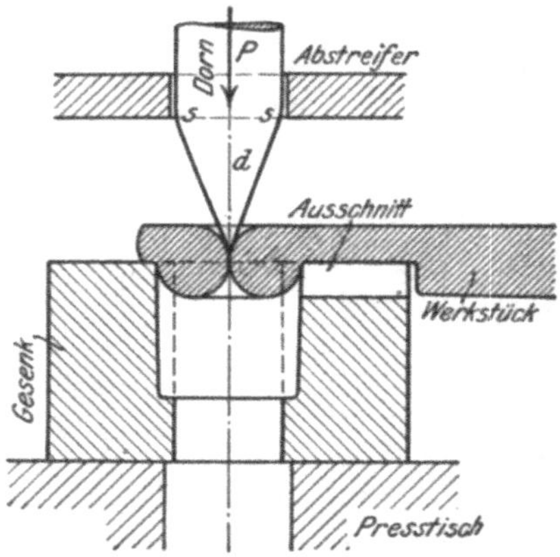

Abb. 102. Aufrollen einer Faltung durch einen Dorn.

in Gummi oder aus Tuch herstellen. Wenn man sich Abb. 97 aus Gummi denkt, so kann man den oberen Rand nach innen rollen, wie Abb. 98 zeigt, und erhält einen Drehkörper mit der Achse *aa* (Abb. 99), den man mit großer Leichtigkeit aus einem Flachstahl von den Abmessungen *B* und *D* (Abb. 100 und 101) unter dem Fallhammer im Gesenk schlagen kann. Fürchtet man (mit Recht), daß die Spitzen bei *aa* (Abb. 99) im Gesenk leicht abgenutzt werden, so kann man ja den Körper voll schlagen und auf der Presse die Spitzen besonders eindrücken, zumal sie für den nächsten Arbeitsgang sauber sein sollen.

Abb. 103. Faltungssystem. Linke Seite: Vierkantöhr; die Falte wird zur scharfen Ecke umgebildet. Rechte Seite: Die Umbildung des zylindrischen Öhrs aus der Halbkugel.

Nun beginnt das Aufrollen der Faltung. Dies geschieht in gut warmem Zustande unter der Presse in der einfachen Weise, wie Abb. 102 zeigt. Die Schultern *ss* des Dornes *d* bringen den Stoff unmittelbar in die gewünschte Form.

Wenn man den Weg des Dornes mehrere Male unterbricht, so erhält man die Querschnitte der Hülse an jedem Wegende (Abb. 103). Diese Prüfung ist sehr empfehlenswert, um festzustellen, ob das Gesenk und der Dorn zueinander passen. In diesem Falle müssen die Teile der Querschnitte symmetrisch sein. Andernfalls muß eine Regelung der Vorform vorgenommen werden, denn die

Gesenkform und die Dornform sind ja gegebene Größen. Die Vorform muß den Rauminhalt + Ofenverlust + Abgratverlust der fertigen Hülse haben, ergibt sich also aus der Berechnung.

Abgerundetes Vierkantöhr. Etwas mehr Aufmerksamkeit erfordert die Form eines abgerundeten Vierkantöhrs (Abb. 104). Wenn man die runde Wand von *a* aus wie vorher einrollt, so werden die beiden Seitenwände *b* mit hineingezogen, nur die Wand *cc* bleibt stehen. Diese denke man sich nach Abb. 105 in der Richtung des Pfeiles *p* eingedrückt und nach innen umgeklappt, dann werden die beiden Ecken *cc* als Falten *FF* (Abb. 106) diagonal auf dem zusammengefalteten Körper liegen, wie Abb. 107 zeigt. Da nun die Faltung bei *h* eine größere Wanddicke aufweist als bei *c*, so wird sie hier dicker. Bei gleicher Verteilung des Werkstoffes und der Vereinfachung des Gesenkes müßte die Faltung bei *h* über der unteren Fläche, die sonst gerade ist, als kleine Kugelmütze etwas hervorstehen. Abb. 108 zeigt die endgültige Vorform im Längs- und Abb. 109 im Querschnitt mit den Falten *FF*. Die Spitzeneindrücke kann man wieder später machen, nachdem die einfache Vorform im Gesenk geschlagen worden ist. Die Aufrollung ergibt sich bei entsprechendem Dorn und Gesenk genau, wie vorher bei Abb. 102 geschildert. Abb. 110 zeigt die fortlaufende Entwicklung der Querschnitte des Öhrs bei unterbrochenem Ziehvorgang. Daß der Gedankengang vollkommen richtig ist, ergibt folgender Versuch: Wenn man die Kugelmütze bei *h* fortläßt (Abb. 107), so ergibt sich ein Fehlen von Stoff oder ein Loch in der Hülse an der Stelle h_1 (Abb. 104), die der Lage der Kugelmütze genau entspricht, wenn man aufrollt.

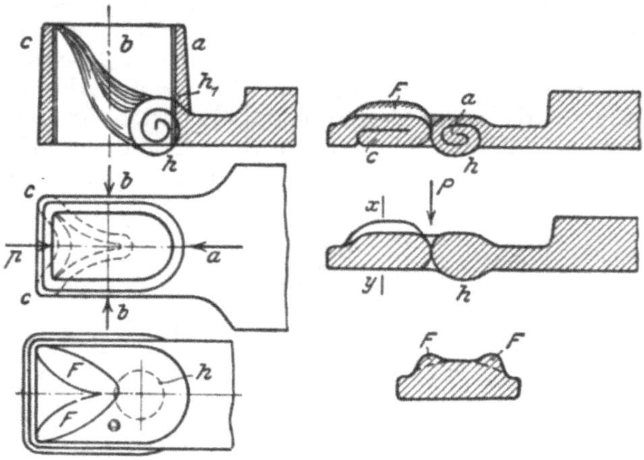

Abb. 104÷109. Faltungsvorgang bei einem abgerundeten Vierkantöhr.

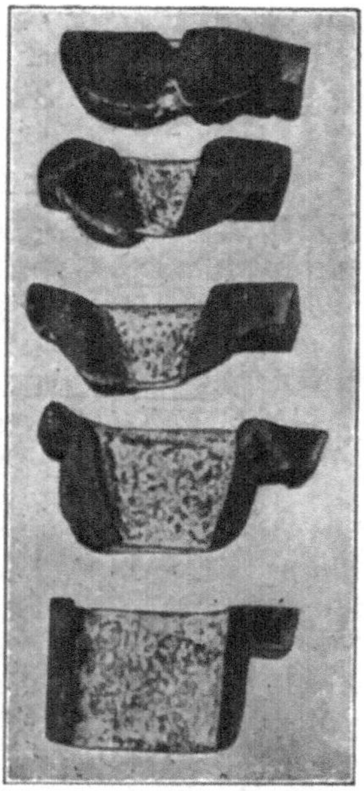

Abb.110. Ziehen eines vierkantigen Öhres in einem Arbeitsgang.

Damit dürften genug Beispiele gegeben sein, um das Faltungssystem genügend klar darzustellen. Dem Techniker steht hier ein weiterer Weg offen für die Formgebung der Gesenke auf dem Konstruktionsbureau. Ich möchte aber nicht schließen, ohne noch den einfachsten Fall der Faltung zu erwähnen. Das ist die Erd- oder Feldhacke (Abb. 111÷115) oder die Haue, wie sie der Steiermärker nennt. Ein so nützliches Werkzeug, das man vor dem Kriege um einige Pfennige gut und haltbar in Stahl geschmiedet erstehen konnte!

Die wunderlichsten Formen haben sich die verschiedenen Völker für dies Werkzeug ausgedacht, je nachdem es ihnen für ihre Arbeit vorteilhaft erschien. Denn wo in den Bergen der Pflug nicht mehr hinaufgeschafft werden kann, wird heute noch der Boden mit der Hacke bearbeitet, nicht nur für den Weinbau, wie in Deutschland. Die dünne Fläche ist leicht zusammengefaltet (Abb. 114) und in eine Gestalt gebracht, die einem Flachstahl (Abb. 111) entspricht. Dieser Flachstahl wird nach fertiggestelltem Öhr leicht gebreitet und gestreckt, nach der Spitze (Abb. 112 und 113) zu dünner und schmaler, nach dem Öhr zu breiter und dicker, wie Abb. 114 zeigt. Dann nimmt ihn der Breiter in die Hand und

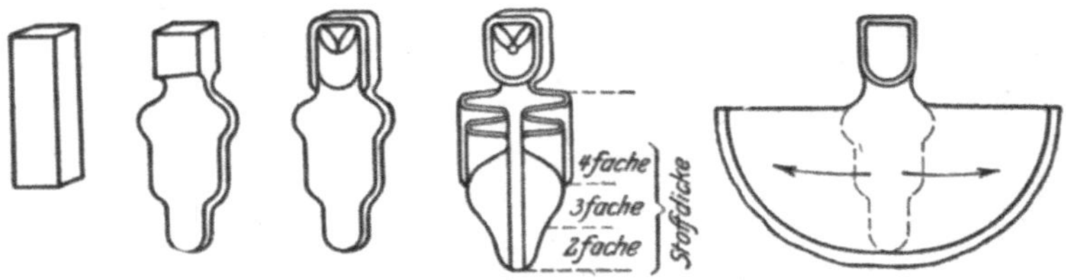

Abb. 111÷115. Herstellung einer Feldhacke.

beginnt die Entfaltung von der Mittellinie nach rechts und links; entgegengesetzt dem Faltungsvorgang, indem er mit seinem Schwanzhammer einen Hieb genau parallel oder strahlig neben den anderen setzt.

Die Sichtbarkeit der Hiebe gibt der handgeschmiedeten Hacke einen höheren Wert gegenüber der Blechhacke, die an das Öhr angenietet ist und lange nicht die Dauerhaftigkeit der handgeschmiedeten hat. Aus diesem Grunde ist auch wohl der alte Schwanzhammer noch nicht ausgestorben und in Deutschland noch ebenso wie in Steiermark am Leben.

4. Die Beheizung der Öfen in der Gesenkschmiede[1]).

In den europäischen Gesenkschmieden sind, unter Außerachtlassung der wirtschaftlichen Gesichtspunkte, als Anwärmevorrichtung noch meist Kohlen- und Koksöfen in Gebrauch, die ganz außerordentlich viel Brennstoff verbrauchen und auch sonst den Bedürfnissen rationellen Betriebes nicht genügen. Mitunter finden sich gar noch offene Schmiedefeuer mit Holzkohle.

Abb. 116 zeigt einen echten „Kohlenfresser". Er besteht aus einem überwölbten Herd mit seitlichen Türöffnungen, der vorn mit einem möglichst großen Rost anfängt und hinten meist mit einem zu kleinen Abzugskanal endet. Unter den Rost wird möglichst viel Luft geblasen; der entwickelte Rauch geht — wohin er will. Abb. 117 ist ein Koksofen in seiner einfachsten Form. Er besteht nur aus einem Rost und einem Abzug wie der andere. Den Herd hat man sich klugerweise gespart, weil man doch langsam dahinter kam, daß die glühende Kohle heißer ist als der Herd. Beide Einrichtungen werden in gleichem Maße gelobt und besonderes Gewicht auf die verschiedenen Verbesserungen gelegt, die aber bei dem ersteren niemals eine Verbesserung seiner schlechten und schlechtesten Eigenschaften, bei dem zweiten zwar geringe Ersparnisse herbeiführen, nicht aber seinem Grundübel abhelfen konnten.

Vor allen Dingen sei hier betont, daß man mit gepreßter Luft (Unterwind) Rauchgase auch bei größtem Aufwand von Druck und konstruktiven Mitteln

[1]) Aus Maschinenbau/Betrieb, 1921/22, H. 18.

nicht in den Schornstein treiben kann. Um den Rauch in den Schornstein zu blasen, müßte man alle Türöffnungen vermauern oder doch durchaus hermetisch abdichten, auch die Feuertür, denn sonst geht er nicht den unbequemeren Weg in den Schornstein. Rauch und Abhitze aus dem Herdraum kann man nur ab-

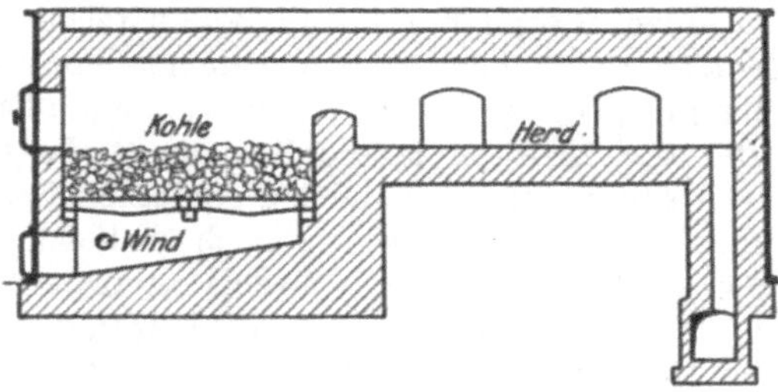

Abb. 116.
Der normale Kohlenfresser.

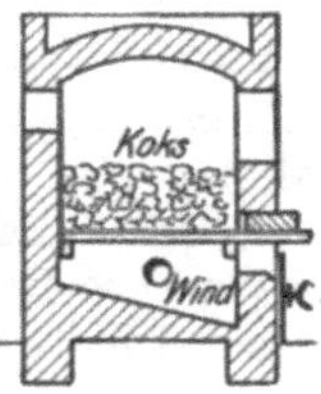

Abb. 117.
Der Koksofen.

saugen, und dazu dient eigentlich der diesem Zwecke anzupassende Schornstein. Die angepaßten Verhältnisse erfährt man durch Überlegung und Rechnung, darf nicht rein empirisch diktiert werden, wie es früher meist der Fall war.

Über die Chemie der Verbrennung ist soviel geschrieben von guten Köpfen, daß jeder Schmied, der einmal zu der Ansicht gekommen ist, daß er ohne diese Kenntnisse nicht vorwärts, sondern rückwärts kommt, sie bequem und billig sich aneignen kann und es sich erübrigt, alles zu wiederholen. Die Berechnung der Kanal- und Kaminquerschnitte ist manchmal durch einfache Überschlagsrechnung bereits gelöst. Wenn man

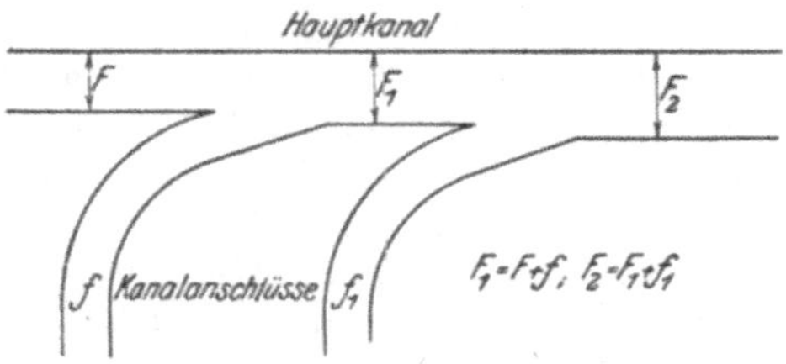

Abb. 118.

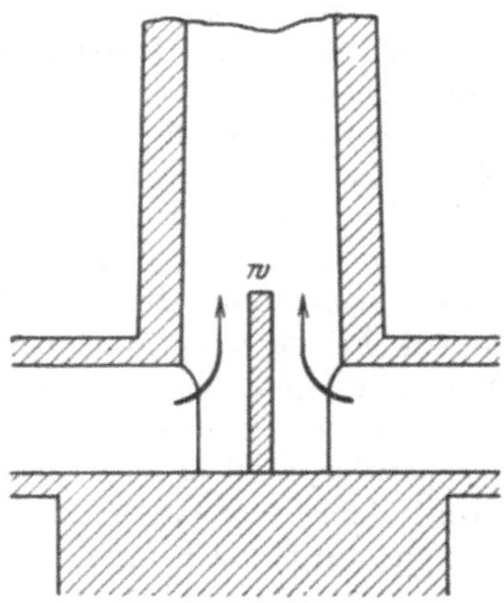

Abb. 118a.

das über der Feuerung sich entwickelnde Gasgemischvolumen mit 20 m³ für 1 kg verbrannter Kohle ansetzt und dieser Gasmenge mit Hilfe des Schornsteinzuges eine Geschwindigkeit von 4 m/sec erteilt, so ist der Kanalquerschnitt

$$F_k = \frac{20 \times \text{Kohlengewicht}}{4} \text{ in Quadratmetern}$$

und nicht etwa 8″ × 12″, wenn er 300 × 500 mm groß sein muß. Die Seitenkanäle sollen in möglichst spitzen Winkeln in den Hauptkanal einmünden wie Abb. 118. Dabei muß der Hauptkanal bei jedem Anschluß entsprechend erweitert werden. Bei Einmündung von 2 gegenüberliegenden Hauptkanälen in einen Schornstein ist eine Zwischenwand zu errichten, um Wirbel zu vermeiden.

(Abb. 118.) In der Nähe von Hämmern gibt man dem Rauchkanal mit Eisen armierte Betonsohlen auf dem Mutterboden und keine Flach-, sondern Rundgewölbe und stampft bei großen Kanälen an den Widerlagern die Erde so fest wie möglich zurück. Für die Berechnung von Kaminquerschnitt (oben!) und Höhe findet man in jedem Taschenbuch Formeln, die dort meist vergessen schlummern. Für jeden Ofen einen besonderen Kamin aufzustellen, ist nicht schön. Am besten ist eine Zentralkaminanlage oder in manchen Pressereien die reihenweise Anordnung der Öfen mit je einem Kamin für die Reihe (außerhalb der Schmiedehalle), wobei man die alte Anordnung, die Kamine in die Gebäudewände zu verlegen, fallen lassen sollte. Jeder Kamin erhält einen Schieber an der Einmündung des Rauchkanals, der so dicht wie möglich schließen soll, also Schräglage des Schiebers. Das ist besser als alle Ventilationsvorrichtungen in rauchschwangeren Schmieden. Es ist besser, den Rauch gar nicht in die Schmiede zu lassen, als später Kraft und Geld zu verschwenden, ihn zu entfernen. Denn zur Erneuerung von 50000 m³ Luft einige Male in der Stunde gehören größere Ventilatoren in den Gebäudewänden, als man sie gewöhnlich in Schmieden sieht. Nutzen bringen sie nicht. Dachreiter mit aufklappbaren Fenstern sind gut (auf der Luvseite geschlossen, nach Lee geöffnet); mit festen Fenstern hat auch der Dachreiter keinen Sinn, denn Oberlicht gibt man besser direkt im Dach. Wenn doch die Menschen endlich einmal von der althergebrachten Ansicht abkämen, daß der Rauch zur Schmiede gehört. Es läßt sich ohne Rauch wirklich besser schmieden. Der Glaube, daß bei Heizung mit Leucht- oder Wassergas überhaupt keine Rauchabzüge nötig seien, ist ganz besonders irrig. Die verbrannten Gase bestehen aus Kohlensäure, Kohlenoxyd und Stickstoff mit sehr wenig Sauerstoff. Dies Gasgemisch ist für Menschen schweres Gift. In Deutschland gibt es wirklich noch solche Wassergashöllen ohne Rauchabzüge, in denen der hohe Krankenstand allein den Unternehmer zur Besinnung bringen müßte.

Wenn man Luft mit fester Kohle mischt, um sie zu verbrennen, so bestreichen die Luftatome nur die Oberfläche der Kohlenstückchen, und erst wenn die Kohlenstoffatome der Oberfläche sich mit Luftsauerstoffatomen verbunden haben, kommen die darunterliegenden Kohlenstoffatome zur Verbindung. Die Verbrennung der Kohle geht also sehr langsam vor sich, wobei viel Luft zwischen den Kohlenstückchen unverbraucht hindurchgeblasen wird. Die Verbrennungstemperatur wird niedrig, der Luftüberschuß einer so erzeugten Flamme ist sehr groß. Sein freier Sauerstoff verbindet sich mit dem glühenden Eisen zu Zunder, der an und für sich einen großen Stoffverlust bedeutet, dann aber auch die Gesenke verdirbt und in die Oberfläche des Schmiedestückes eingepreßt wird. Beizt man solche Preßteile in verdünnter Schwefelsäure von 12° Bé., so wird der Zunder aufgelöst, und die unschöne Oberfläche des Formstückes tritt zutage. Wird es in mehreren Gesenken hintereinandergepreßt, also in mehreren Hitzen in solchen Öfen, ohne vor jeder Pressung gebeizt zu sein, so nimmt die Zunderschicht oft mehrere Millimeter Dicke an.

Führt man aber die Kohle zuerst in den gasförmigen Zustand über und mischt dieses Gas mit Luft, so kann man beide so innig vermischen, daß bei jedem Kohlenoxydatom nicht mehr Luftatome liegen, als zu seiner chemischen Endverbindung Kohlensäure nötig sind. So genau kann man nun nicht die Verbrennungsluft bestimmen, aber wenn auch ein Luftüberschuß gegeben ist, so ist er doch sehr gering im Verhältnis zur direkten Verbrennung der Kohle im Kohlenfresser. Die Verbrennung wird eine sehr schnelle (intensive), die Temperatur der Flamme wird sehr hoch, die Vorwärmung des Eisens geht deshalb schnell vor sich. Das Eisen kann nicht oder nur sehr wenig verzundern, erhält durch die hohe Temperatur im Ofen eine geringe Quetsch-(Druck)festigkeit, die weniger Kraft zur Formgebung verzehrt und schöner in die Formen fließt. Die Gesenke werden geschont, und der Kohlenverbrauch ist auf weniger als $^1/_5$ gegenüber dem alten „Kohlenfresser" und auf weniger als $^1/_3$ des besten Koksofens gesunken.

Beim „Kohlenfresser" nämlich werden eine Unmasse Kohlenteilchen während des Verbrennungsprozesses abgespalten und unverbraucht mit dem Gasstrom über den Herd in den Abzug mitgerissen. Durch die Undichtigkeit der Ofentüren und beim Öffnen derselben tritt frischer Sauerstoff zu den abziehenden heißen Verbrennungsgasen und bewirkt im Abzug und Rauchkanal eine sehr intensive Verbrennung, oft mit weißer Flamme. Leider zu spät, denn diese Kohle ist verloren. Deshalb läßt sich auch der Rauchkanal dicht am Austritt aus dem Ofen ebenso wie der Rauchschieber nicht in Ordnung halten. Die Hitze ist hier bei weitem höher als auf dem Herd selbst, wobei Stein und Schieber in kurzer Zeit zusammenschmelzen. Bei der oben geschilderten vorherigen Vergasung der Kohle soll meist die höchste Temperatur ungefähr in der Mitte des Herdes liegen, liegt jedoch meist näher zu den Verbrennungsdüsen. Die Vergasung der Kohle kann nun in einem besonderen Apparat vorgenommen werden, dem Gasgenerator. Dann werden die Gase in Blechrohrleitungen, weniger in Steinleitungen zu den Öfen geführt. Die ersteren werden fast stets einige Meter über Schmiedesohle, selten in gemauerten Kanälen unter Schmiedesohle, die letzteren stets dicht unter Schmiedesohle zu den Öfen geführt. Auf dem Wege zu den Öfen kühlen sich die Gase ab und verlieren Teer, für dessen Entfernung und anderweitige Verwertung gesorgt werden muß. Der direkte Wärmeverlust der Gase sowie der Teerverlust, namentlich aber der letztere, sind Heizwertverluste. Dafür entfällt der Transport der Kohle in die Schmiede zu jedem Ofen. Außerdem wird die Schmiede sauberer und geräumiger. Dieses System ist nur in sehr großen Gesenkschmieden anwendbar, und man muß gut beschlagen sein in Schmiedeeinrichtungen, um die richtige Wahl zu treffen. Bei Steinkohlen ist die Zentralvergasung stets mit gutem Vorteil anzuwenden, bei Braunkohlen nur, wenn es sich um eine erhebliche Anzahl größerer Öfen handelt, die als Regenerativöfen ausgebildet werden können, was aber selten in Gesenkschmieden vorkommt. Dagegen werden andere Gasarten, wie Wassergas und Leuchtgas (letzteres wenn es billiger zu stehen kommt), stets mit gutem Vorteil in Messingpressereien verwendet, Wassergas vorzüglich in Schraubenpressereien. Alle Gasfeuerungen verlangen jedoch Rekuperation der Abhitze. Man gewinnt einen Teil der Wärme aus den heißen Abgasen wieder zurück, indem man die Verbrennungsluft damit vorwärmt. Die großen Kohlenersparnisse, die durch vorgewärmte Luft erzielt werden, sind bereits seit 1856 auf den Hüttenwerken bekannt. In Schmieden waren Rekuperativ- (und Regenerativ-)Öfen vor dem Kriege verhältnismäßig selten, wurden während des Krieges mehr eingeführt, sind aber heute durchaus noch nicht allgemein verbreitet.

In Stahlpressereien und Kleinzeuggesenkschmieden mit verhältnismäßig vielen kleinen Öfen ist es meist vorteilhaft, an jeden Ofen einen besonderen Gasgenerator anzubauen. Man nennt solche Öfen allgemein Halbgasöfen, obgleich diese Bezeichnung unbegründet ist. Solche Öfen bieten gewisse Vorteile gegenüber der Gasfeuerung. Auch sie sind mit Rekuperatoren zum Vorwärmen der Luft ausgestattet. Die aus der Kohle entwickelten Gase treten mit heißer Luft gemischt direkt in die Verbrennungsdüsen. Die Gase verlieren also keinen Teer. Sie treten außerdem mit der vollen Erzeugungswärme in den Ofen. Dagegen ist die Kohle in die Schmiede zu fahren und die Bedienung der Heizung etwas teurer, weil ein Heizer meist nur zwei Öfen bedienen kann, wogegen bei Vollgasfeuerung der Zieher diese Arbeit mitbesorgt. Bei Braunkohle ist dies Ofensystem fast stets vorzuziehen. Hat man vorher mit „Kohlenfressern" gearbeitet, so ist das Verfahren der Kohle für Rekuperativöfen mit direkt angebautem Generator erträglich, da ja nur $^1/_5$ der Kohle zu verfahren ist. Die Herdtemperatur ist bei Vollgas- sowie bei Halbgasöfen in ganz bedeutend größeren Grenzen regulierbar als bei „Kohlenfresser". Bei Vollgasöfen kann bei falschen Düsenverhältnissen große Gasverschwendung betrieben werden, wenn die Gasventile nicht von erfahrenen Leuten bedient werden. Im Herdraum soll höchstens 15÷20 mm W.S. Überdruck herrschen, so daß die Flamme eben ganz leicht aus den Türspalten züngelt.

Da in Gesenkschmieden wohl höchst selten Regenerativöfen, d. h. solche Öfen verwendet werden, bei denen in Kammererhitzern (Regeneratoren) teils die Luft allein, teils Luft und Gas durch die Abhitze vorgewärmt werden, soll hier

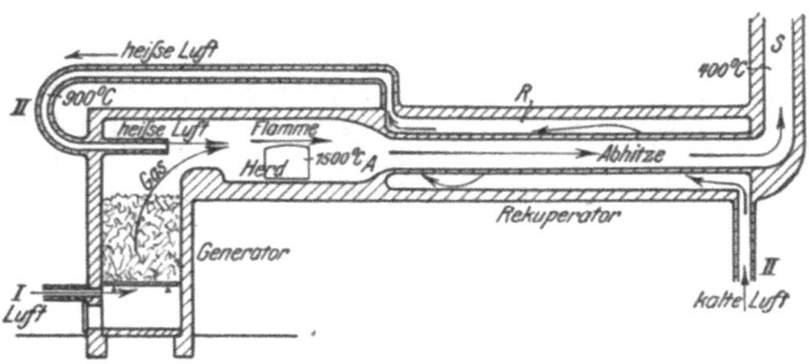

Abb. 119. Das Wesen der Rekuperation (Kohlenoxyd braucht 600° C zur Entflammung).

nur über Rekuperativöfen, d. h. Öfen mit Kanalerhitzern gesprochen werden. In neuester Zeit ist eine Type Regenerativ-Kleinschmiedeöfen von 1 t÷5 t Leistung in der Schicht mit angebautem Gasgenerator ausgeführt worden. Bei diesen Öfen wird aber nur die Luft im Kammererhitzer vorgewärmt. Der Nutzeffekt dieser Öfen soll sehr groß sein, die Flammentemperatur bis 1500° C. Betriebserfahrungen stehen noch aus.

Abb. 119 zeigt das Wesen eines Rekuperators, der in *R* dargestellt ist. Die verbrannten Gase verlassen den Herd bei *A*, geben einen Teil ihrer Wärme (von 1000° C bis 350° C bei guten Rekuperatoren) an die Kanalwandungen ab und entfliehen in den Kamin *S*. Die kalte Verbrennungsluft tritt bei *II* in den den erhitzten Kanal umgebenden Raum, entzieht den Wänden die Wärme und tritt als erhitzte Luft in die Verbrennungsdüse, um sich mit dem im Generator erzeugten Gas zu mehr oder minder vollkommener Verbrennung zu mischen. Wenn man so wie in Abb. 119 einen Kanalerhitzer bauen wollte, müßte er bei einem mittleren Ofen 10÷15 m lang werden. Schamotte ist ein sehr schlechter Wärmeleiter, und es bedarf einer großen Oberfläche, um der langsam durch die Wandung zur Luftseite tretenden Wärme genügend Zeit hierzu zu geben, denn die Verbrennungsgase streichen gewöhnlich mit einer Geschwindigkeit von weit über 1 m durch den Kanal. Aus diesem Grunde hat man den Erhitzerkanal mehrere Male zusammengeklappt, wie Abb. 120 zeigt. Bei 1 treten die Abgase in ihre Kanäle und gehen in der Richtung der Strichpfeile nach 2 in den Kamin.

Parallel zu ihnen, aber im Gegenstrom, streicht die bei 3 eintretende zu erhitzende Luft in die Luftkanäle in der Richtung der gestrichelten Pfeile und tritt bei 4 in die Verbrennungsdüsen. Die Endseiten der Rauchkanäle sind mit Ziegeln leicht versetzt, so daß sie behufs Reinigung von Flugasche geöffnet werden können.

Ein guter Rekuperativofen mit Steinkohlenfeuerung gibt trotz seines immerhin noch minderwertigen Nutzeffektes (theoretisch gesprochen) eine ganz

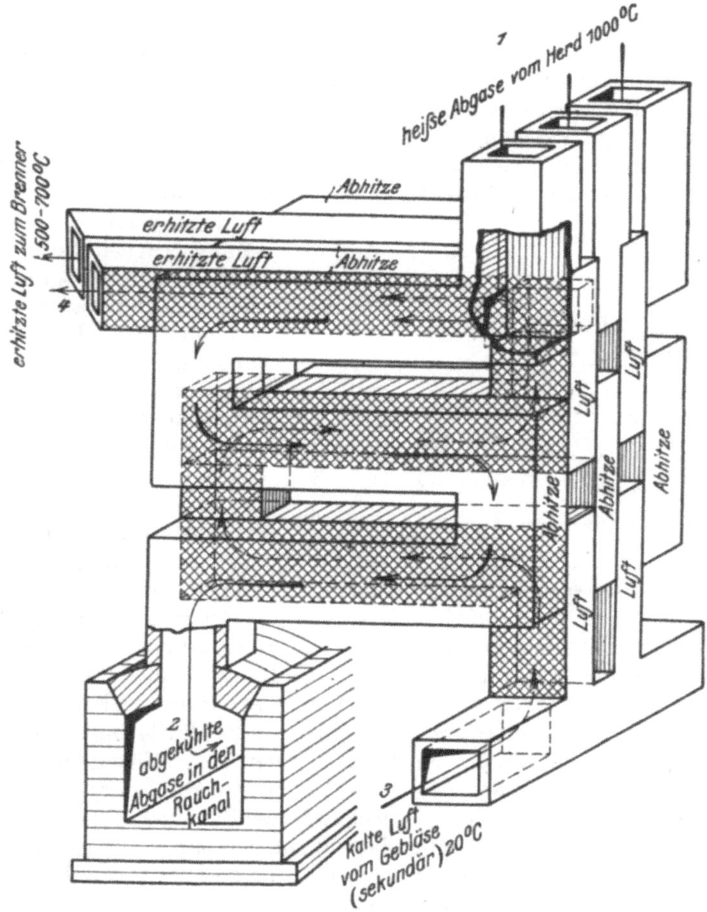

Abb. 120. Gegenstrom-Rekuperator.

bedeutende Kohlenersparnis gegenüber einem alten Ofen, bei dem die Kohle direkt auf dem Rost verbrannt wird. Bei Steinkohle mit 7600 WE/kg und zur Produktion richtig bemessenem Herd werden nicht mehr als 12 v. H. Kohle vom Einsatzgewicht bei einmaliger Hitze verbraucht, wenn die Herdgröße 1,5 m² überschreitet, bis 18 und 22 v. H. bei kleinen und ganz kleinen Herdgrößen[1]). Für Braunkohle ändern sich diese Zahlen fast genau proportional mit dem Wärmeinhalt der Kohle. Ein alter Kohlenofen mit einfacher Rostfeuerung braucht 80 ÷ 100 v. H. vom Einsatz und bei ganz kleinen Gesenkteilen bis 400 v. H. und 500 v. H.

[1]) Das Anfeuern nicht gerechnet.

In einem Aufsatz des letzten Schmiedeheftes „Der Betrieb“ wird gesagt, daß wohl schwerlich jemand einen Rekuperativofen in allzu großer Nähe eines schweren Gesenkhammers verwenden wird. Man hätte dabei wenig Freude am Rekuperator, der doch eines Tages bei bester Verankerung zusammenbrechen würde. Da soll ein „Kohlenfresser“ mit eingebautem Dampfkessel bedeutend vorteilhafter arbeiten. Dies ist nicht zutreffend.

Wilhelm Ruppmann in Stuttgart hat auf des Verfassers Veranlassung einen Rekuperativofen von über 2 m² Herdfläche in einer Entfernung von nur 4,2 m (Mittellinie Ofen von Mittellinie Hammer) aufgestellt. Der schwere Brückenhammer von 3÷4000 kg verarbeitete im Kriege Gesenkteile von 67÷70 kg (Anfang 1916), ohne daß sich jahrelang das Geringste am Rekuperator zeigte. Es trat nur eine geringe Verschiebung des Gewölbes ein, aber nicht durch das Versehen der ausführenden Firma, sondern durch den Platzmangel an der Gebäudewand, wodurch die oberen Gewölbeanker zum Nachziehen schwer zugänglich waren. Nach Behebung dieses Mangels arbeitet der Ofen heute noch tadellos, abgesehen natürlich von Reparaturen, die nach längerer Zeit bei jedem Ofen notwendig sind. Nicht nur die Verankerung des Rekuperators, sondern ein richtiger Unterbau, nicht nur die Schwere des Hammers, sondern seine richtige Fundamentkonstruktion sind die Hauptbedingungen, um nicht nur den Ofen, sondern auch den Hammer vor Zerstörung zu schützen, und in dieser Hinsicht wird eben in fast allen Schmieden gesündigt. Die Anordnung von Dampfkesseln bei jedem Ofen ist ebenfalls nicht rationell. Die Dampfmenge, die von der Abhitze des „Kohlenfressers“ erzeugt wird (bei einfacher Anordnung), kann man wirklich mit direkter Feuerung des Kessels mit Kohle um die Hälfte billiger erzeugen als durch die Kohlenmenge, die der gewöhnliche Ofen gegenüber dem Rekuperativofen verbraucht. Ganz anders liegen die Verhältnisse bei der Dampferzeugung durch Abhitze, wie ich sie in der „wirtschaftlichen Schmiede“ geschildert habe[1]). Heute besitzen wir kein besseres Mittel der Kohlenersparnis für Gesenkschmieden als den Rekuperator. Es ist nur zu wünschen, daß es der Firma Fried. Krupp in Essen bald gelingen möge, einen Metallrekuperator aus ihrem Spezialmetall herzustellen, um den Nutzeffekt der Kanalerhitzung um das 10÷20fache zu steigern[2]).

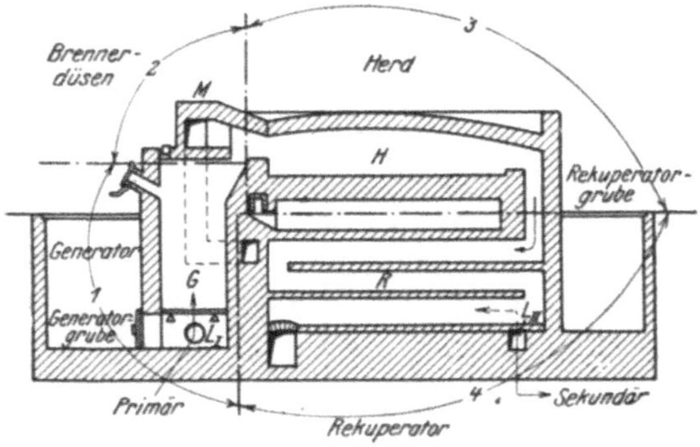

Abb. 121. Rekuperativofen mit Generator.

Nach der oben angezogenen Kritik könnte man bei schweren Hämmern überhaupt keine Rekuperativöfen benutzen, denn um Gesenkteile von 25÷100 kg zu schmieden, braucht man schon mehr oder weniger schwere Hämmer. Ganz bedeutende österreichische und deutsche Schmieden benutzen nun ausschließlich Rekuperativöfen bei schweren Hämmern. Aber viele phantastische Konstruktionen von Rekuperatoren werden angeboten, die keine Erschütterungen vertragen, und die meisten schweren Hämmer sind falsch fundiert. Verfasser ist noch kein Fall in eigener Praxis vorgekommen, daß ein Rekuperator durch Er-

[1]) Siehe weiter unten
[2]) Nach einer Mitteilung dieser Firma.

schütterungen unbrauchbar wurde, wohl aber sind ihm viele Fälle bekannt, wo die Ausführung und der Unterbau falsch waren.

Bei ganz kleinen Öfen sind Schamotte-Rekuperatoren schwer einzubauen, weil die Ofendimensionen es nicht gestatten. Man hatte bereits Versuche gemacht mit Metallrekuperatoren, die glänzende Resultate ergeben haben — bis die Rekuperatoren verbrannt waren. Die neueren Versuche, die jetzt im Gange sind, scheinen sehr vielversprechend zu sein, da man eine Metallegierung gefunden hat, die Temperaturen bis 1200° aushält, ohne zu oxydieren. Die sich bietenden Schwierigkeiten liegen hier wieder auf ganz anderem Gebiet. Die Mißerfolge werden aber nicht davon abhalten, dieser Sache energisch zu Leibe zu gehen, bis sie von Erfolg gekrönt sein wird. Bis dahin muß man sich bei kleinsten Öfen anders zu helfen suchen, um der Kohlenverschwendung Einhalt zu tun. Auf die Tücken des Rekuperators kommt Verfasser noch weiter unten zu sprechen. Vorerst sei der Bau eines solchen Ofens in seinen einzelnen Teilen gezeigt, weil ich vielfach gefunden habe, daß gerade jüngere Kollegen sehr wenig davon wissen und deshalb solche Öfen nicht mit der erforderlichen Sorgfalt behandeln können.

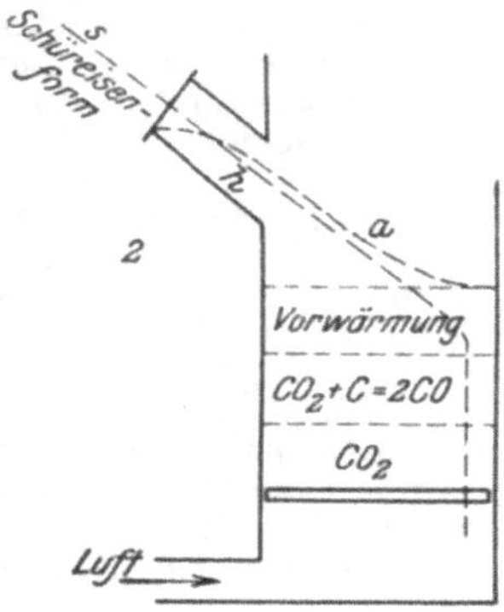

Abb. 122.

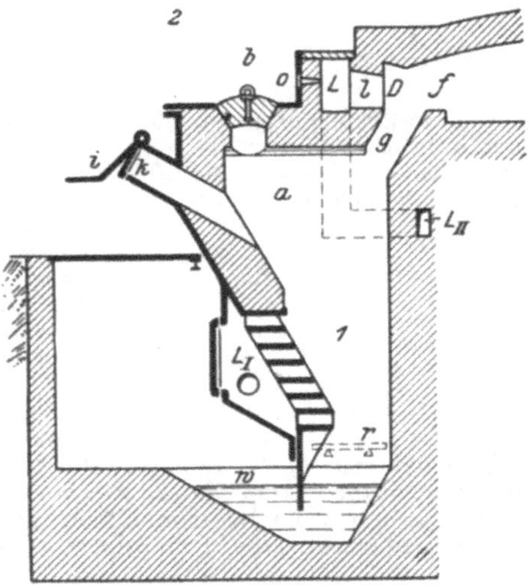

Abb. 123. Rekuperator mit Wasserabschluß.

Am Ofen unterscheidet man vier scharf voneinander getrennte Organe. Jedes dieser Organe wird von den verschiedenen Öfen bauenden Firmen verschieden ausgeführt, wobei aber durchschnittlich die Erfolge dieselben sind, sobald die Baufirma auf richtige Verhältnisse und — vor allen Dingen peinlich gute Ausführung ihr Hauptaugenmerk richtet. Die allerbeste Ausführung ist gerade gut genug, und hierin unterscheiden sich die verschiedenen Firmen sehr stark voneinander. Die weniger guten Ausführungen von Rekuperativöfen bringen dann gewöhnlich dieses System in Verruf und tragen dazu bei, daß der alte „Kohlenfresser" nicht aussterben will.

Abb. 121 zeigt einen Rekuperativschmiedeofen mit Grenzlinien seiner vier Organe:

1. Der Vergaser (Generator) *G*,
2. Der Brenner mit den Mischdüsen *M*,
3. Der Herd *H*,
4. Der Kanalerhitzer (Rekuperator) *R*.

1. Der Vergaser besteht aus einem viereckigen Schacht mit Rost, Aschenfall und Feuertür. Der Aschenfall unter dem Rost ist durch eine Tür vollkommen dicht verschlossen, damit Unterwind von 200 mm WS. eingeblasen werden kann. Über dem Rost soll die Schütthöhe der Kohle (für diese Anordnung am besten stückige Stein-

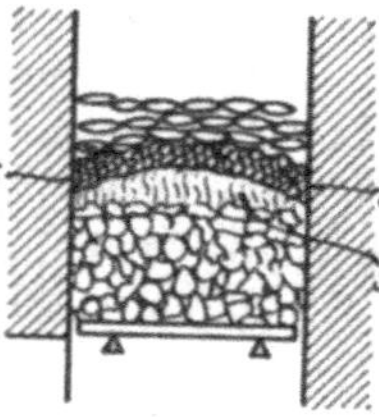

Abb. 124.

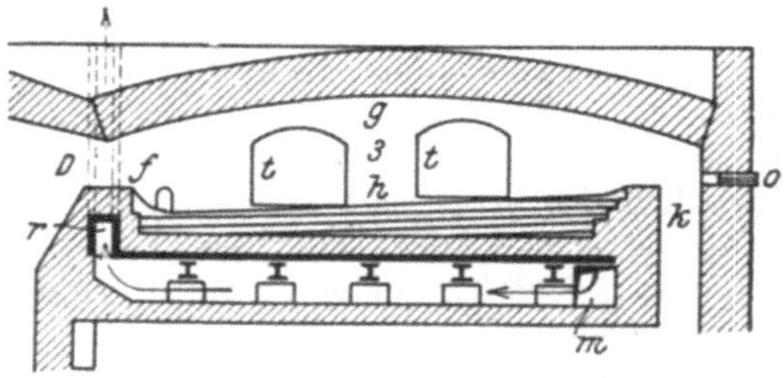

Abb. 125. Eingeschweißter Herd mit Luftkühlung.

kohle [Förderkohle]) ungefähr 800 mm betragen, damit ein gutes Gas entwickelt werden kann. Der bekannte Vorgang bei der Gaserzeugung ist in Abb. 122 dargestellt. Man schüttet den Hals h des Fülltrichters auch noch voll Kohle bis a, um beim Nachfüllen eine genügende Menge vorgewärmter Kohle zur ununterbrochenen Gaserzeugung zur Verfügung zu haben, indem man sie vor dem Nachfüllen zuerst abschiebt. Für Braunkohle eignet sich besser der Schrägrostvergaser nach Abb. 123, entweder mit gewöhnlichem Stützrost r oder mit Wasserabschluß w. Die Anordnung mit Wasserabschluß ist nicht ungefährlich und verlangt wohlunterrichtete Heizer. Wenn nämlich zuviel Asche bei w gezogen wird, kommt es vor, daß die glühende Kohlenschicht in das Wasserbecken stürzt, so daß der Heizer durch die plötzliche heftige Dampfentwicklung verbrüht werden kann. Bei vorsichtiger Bedienung ist der Wasserabschluß vorzüglich durch seine Bequemlichkeit und den Fortfall der Tür. In diesem Falle wird der Unterwind (die Primärluft) in einen Kasten geblasen, der dem Rost

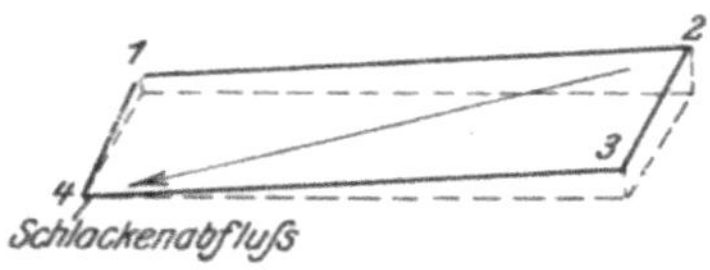

Abb. 126.

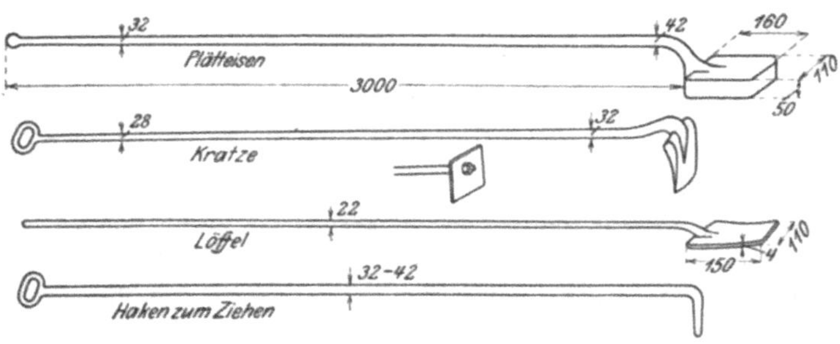

Abb. 127. Werkzeuge zur Behandlung des Herdes.

vorgebaut ist L_1. Die einzelnen Fertiger bauen diese Anordnung mit verschiedenen Abänderungen. Beim Öffnen der Klappe K vermittelst des Hebels i ist größte Vorsicht zu beobachten. Im Raume a befinden sich ja brennbare Gase; sobald die Klappe K geöffnet wird, tritt Luft zu den heißen Gasen. Es entsteht jedesmal eine kleine Explosion, die mit einer Stichflamme verbunden ist und bei unvorsichtigem Öffnen Gesicht und Kleidung des Heizers verbrennen kann. Das Öffnen ist aber vollkommen ungefährlich, wenn man, mit dem Rücken gegen den Ofen, die Klappe zunächst nur 10÷20 mm anhebt, bis die Gase abpuffen. Dann kann man ruhig ganz öffnen. Wenn bei großem Aschen- oder Sandgehalt der Kohle der Heizer die Kohlenschicht nicht genügend durchschürt, so kann es vorkommen, daß sich im Gaserzeuger Brücken bilden (Abb. 124). Diese Brücken aus zusammengesinterter Asche und Schlacke geben manchmal zu heftigen Explosionen Veranlassung, wie Verfasser öfter beobachtet hat. Durch häufiges Schüren ist diese Gefahr auch bei unreiner Kohle leicht zu vermeiden.

2. Das Gas strömt nun direkt durch den Querschnitt *g* zur Feuerbrücke *f* und wird durch die aus den Düsen *D* von der Luftkammer *L* strömende heiße Luft zur

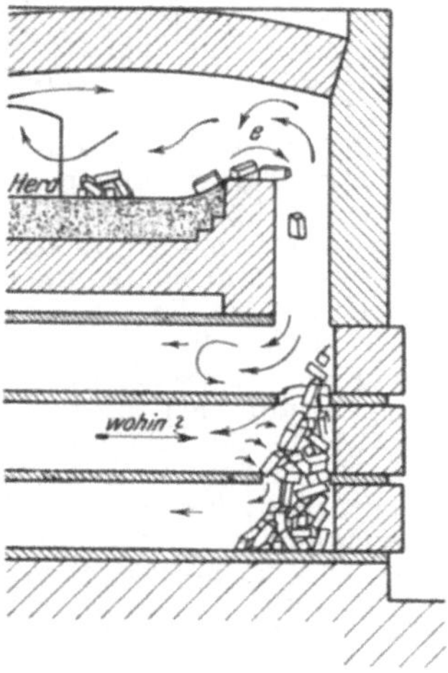

Abb. 128.

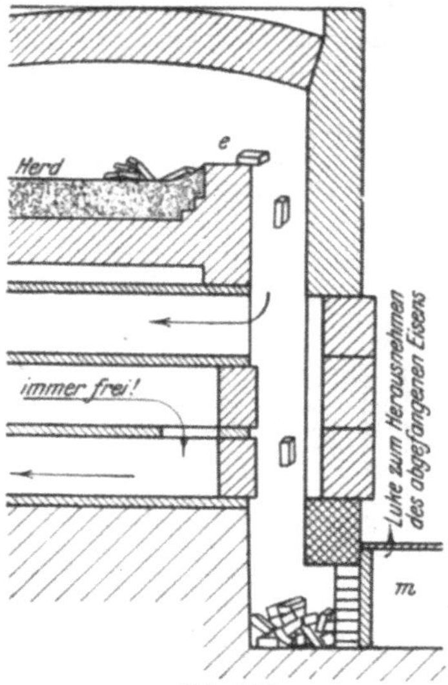

Abb. 129.

Verbrennung gebracht, indem es sich gleichzeitig mit dem heißen Gas mischt. Bei der Schrägrostanordnung schürt man meist von oben durch *b*, während beim Planrost, Abb. 122, durch den Fülltrichter geschürt wird, jedoch mit einer gebogenen Stange Rundeisen *S*, die unten meißelförmig zugeschärft wird (s. Abb. 122). Der Brenner erhält die heiße Luft durch seitlich vom Rekuperator durch *L II* in die Luftkammer *L* geführte Kanäle als Oberwind oder Sekundärluft.

3. Der Herd des Ofens ist in Abb. 125 gezeigt. Die Flamme tritt durch *D* über die Feuerbrücke *f* ein, entwickelt sich zwischen Herd *h* und Gewölbe *g* zu blendend weißer Helle und streicht bei *k* ab in den Erhitzer. Die Gewölbehöhe und die Form des Gewölbes müssen dieser Flammenentwicklung angepaßt sein, nicht etwa umgekehrt. Die Flamme soll durch Strahlung das Eisen erwärmen, weil sie durch Strahlung im quadratischen Verhältnis mehr Wärme abgibt als durch Berührung. Deshalb haben Öfen mit zu niedrigem Gewölbe schlechten Wirkungsgrad. Bei *o* ist ein Schauloch angebracht (auch in der Luftkammer, Abb. 123) und mit Schamottepfropfen verschließbar, um die Flamme beobachten zu können. Der eigentliche Herd *h* ist aus saurem Material herzustellen, damit die Schlacke dünnflüssig bleibt und nicht Herdteile am Eisen kleben bleiben und mitverschmiedet werden. Nur in der Messingpresserei sind Schamotte- oder Magnesitherde gestattet, weil für diesen Rohstoff die Temperatur des Ofens 760° nicht übersteigen soll. Der Herd wird in dünnen Schichten von 20 mm nach und nach aufgestampft aus einer pulverigen Mischung von gekörntem Quarz, Kaolin und wenig Kalk. Abb. 126 zeigt die Form des Herdes mit seiner Neigung zum Schlackenloch, so daß 4 der niedrigste und 2 der höchste Punkt ist. 3 liegt wieder höher als 1. Über den Schlackenabzug habe ich in I[1]) gesprochen[2]).

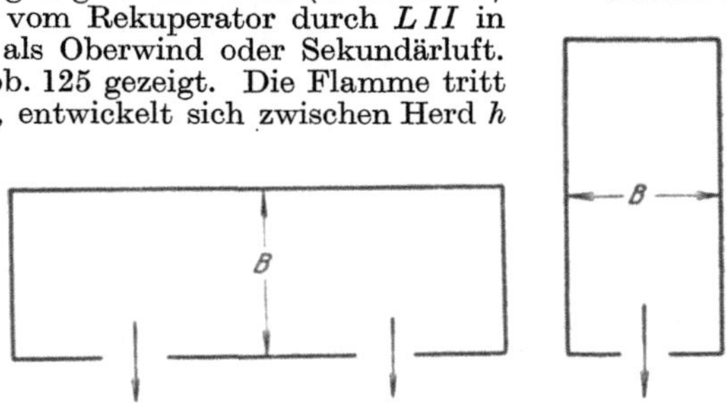

Abb. 130 u. 131.

[1]) Dampfhammerfundamente, Dampfhammerstangen und Öfen.
[2]) Seite 13.

In letzter Zeit haben fast alle Ofenfirmen die Kühlung des Herdes von unten durch kalte Außenluft durchgeführt, wobei wieder verschiedene Anordnungen getroffen werden. Man sollte diese Kühlluft eigentlich durch den Ventilator absaugen und als vorgewärmten Wind verwenden. Die Einrichtung würde nicht kostspielig werden. Bei Schichtschluß ist der Ofen meist in sehr hoher Temperatur. Dann soll er sauber mit der Kratze (Abb. 127) abgeschlackt und alle Löcher sauber ausgekratzt werden. Man füllt auf die Unebenheiten und Löcher frische Herdmasse mit dem Löffel und glättet diese Stellen mit dem Plätteisen. Diese Werkzeuge sollen stets in gutem Zustande und bei der Hand sein.

4. Der Kanalerhitzer oder Rekuperator hat außer den bereits oben geschilderten noch weitere Tücken aufzuweisen, die aber bei gutem Bau und zweckentsprechender Behandlung keine großen Sorgen machen. In Abb. 128 treten über die Brücke *e* die heißen Gase in die Rauchkanäle. Die Bedienungsmannschaft des Ofens hat oft die üble Gewohnheit, kleine Rohlinge mit der Schaufel in solchem kühnen Bogen auf den Herd zu befördern, daß die manchmal ziemlich schweren Eisenbrocken von 2 und 3 kg in den Abhitzekanal geschleudert werden. Das ist eine ewige Plage, die die Ofenfirmen in ihrem eigenen Interesse leicht beseitigen könnten. Die Schamotteplatten des Rekuperators werden öfter durchgeschlagen, und die Rohlinge häufen sich in den Kanälen an, verzundern und verschweißen dort und verstopfen die Rauchgänge, so daß mit dem Ofen nichts mehr anzufangen ist. Der neue Ofen raucht schlimmer als der alte. Für den neuen hat die Firma aber eine gewisse Gewähr geleistet. Nun fängt das Beschwerdeführen an, und der erregte Briefwechsel mit der Baufirma, bis zum Schluß der gesandte Ofenmonteur einige 1000 kg Stahl aus dem Rekuperator zieht. Es wird deshalb der Vorschlag gemacht, den Gasabsturz anzuordnen, wie Abb. 129 zeigt. In dieser Art hat Verfasser öfter Öfen umgebaut. Alle Versuche, die er gemacht hat mit Erhöhung der Brücke *e* oder durch seitliche Verlegung des Gasabsturzes, sind mißlungen; immer wieder fand sich Eisen im Rekuperator bei überfülltem Ofen, sei es durch Schleudern mit der Schaufel oder durch Verschieben mit dem Haken beim Ziehen, oder geradezu aus Bosheit. Auf diese Weise kann man das Eisen retten, es verschmort nicht, und der Ofengang wird nicht gestört. Jeden Monat wird die Luke *m* geöffnet und das Eisen herausgenommen. Das ist keine große Arbeit. Bei Braunkohlenfeuerung entsteht viel Flugasche. Diese ist ebenfalls alle 2÷3 Monate aus den Kanälen zu entfernen, sonst kann es vorkommen, daß sich der ganze Gasabsturz zusetzt, und zwar so fest, daß man die gesinterte Asche nicht herausschlagen kann, obgleich das Sintergebilde porös wie ein Schwamm ist.

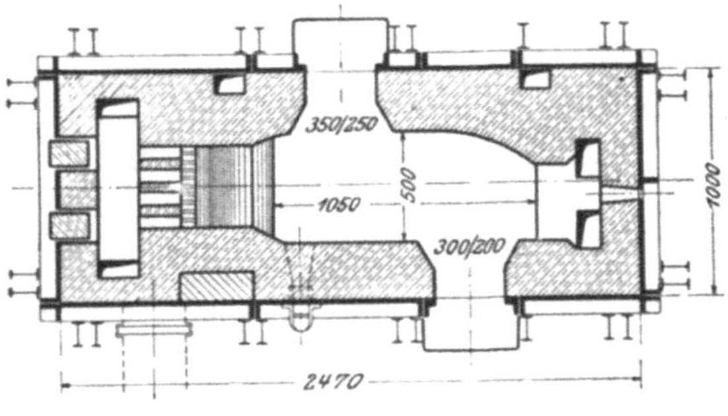

Abb. 132.

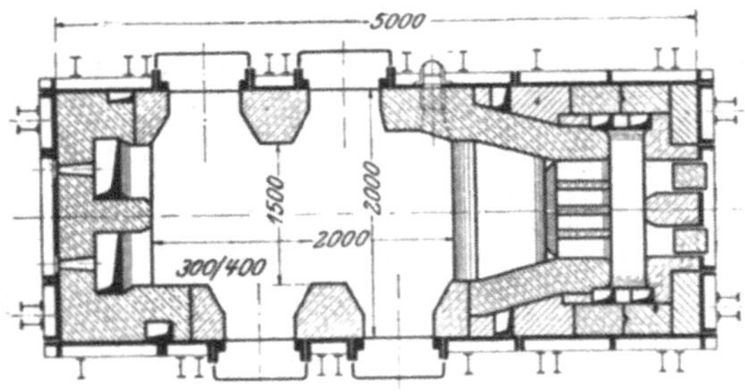

Abb. 133.

Wenn man alle diese Vorschriften bei der Behandlung gut und richtig gebauter Öfen befolgt, hat man seine Freude am Rekuperativofen. Verfasser arbeitet gewöhnlich zwei Jahre mit einem Ofen ohne Reparatur. Das genügt aber vollständig für die Amortisation des Ofens. Nach erfolgter gründlicher Reparatur durch geschickte Monteure kann man wieder zwei Jahre ungestört arbeiten.

Einige Ofenfirmen senden ab und zu kostenlos ihre Monteure zur Kontrolle sämtlicher von ihnen erbauten Öfen, die unausgesetzt die Schmiedeleute unterrichten und selbst Erfahrungen in den verschiedensten Schmieden sammeln.

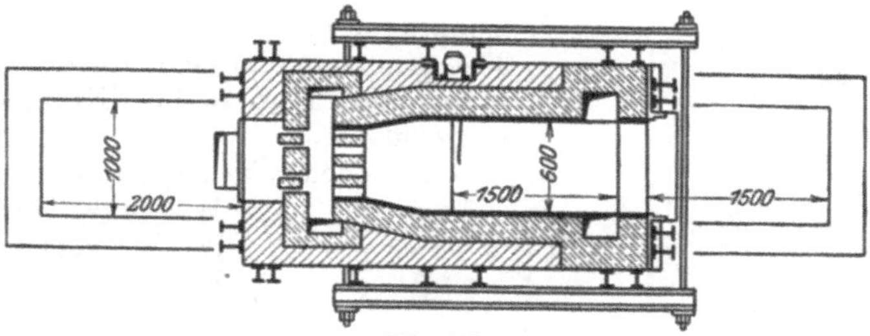

Abb. 134.

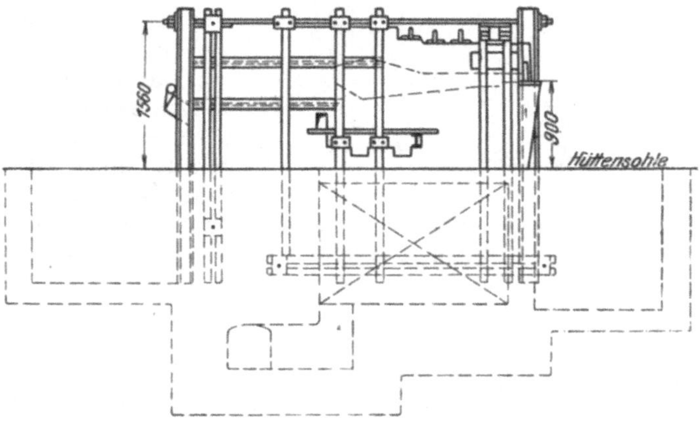

Abb. 135.

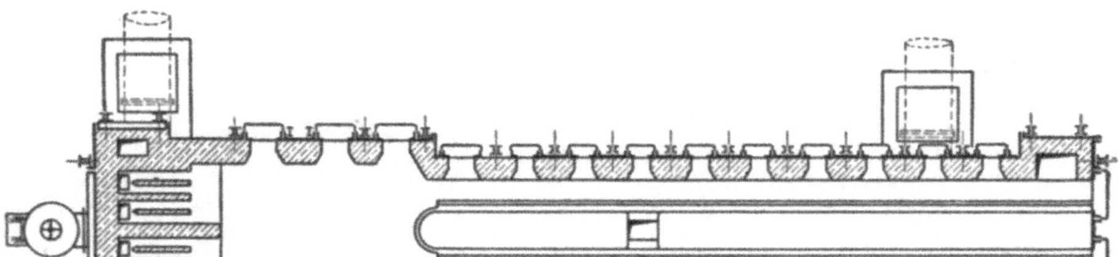

Abb. 136. Rollofen für vorgeschmiedete Rundscheiben und Bandagen.

Man soll den Bau von Rekuperativöfen besser erfahrenen Ofenfirmen übertragen, wenn man nicht selbst, wie auf großen Werken, Sonderingenieure hierfür hat. Gesenkschmieden haben das meist nicht. Die Ofenfirmen haben außerdem stets gut geschultes Baupersonal, das in Schmieden selten anzutreffen ist. Die Auswahl der Baustoffe verlangt ebenfalls gründliche Erfahrung. Daß aber Ofenbaufirmen die Ausarbeitungen für Anlagen ganzer Schmiede- und Pressereieinrichtungen anbieten und manchmal übertragen erhalten, ist grundfalsch, denn dazu fehlt ihnen fast stets die nötige Erfahrung bei dem Mangel an tüchtigen Schmiedefachleuten, die dies schwierige Gebiet vollkommen beherrschen.

Als Heizstoffe kommen für Gesenkschmieden folgende in Betracht:

1. Rohbraunkohle: in Stücken und Nuß 30÷45 mm mit Wärmeinhalt von 3500 WE. min.
2. Steinkohle: Förderkohle, Korngröße wenigstens 30 mm.
3. Steinkohlengas: bei zentralisierter Vergasung.
4. Wassergas (Blaugas, Mondgas, Mischgas): für Schraubenpressereien.
5. Leuchtgas: für Messingpressereien.
6. Ölfeuerung: für alle Zwecke.
7. Koks: für ganz kleine Öfen ausnahmsweise.

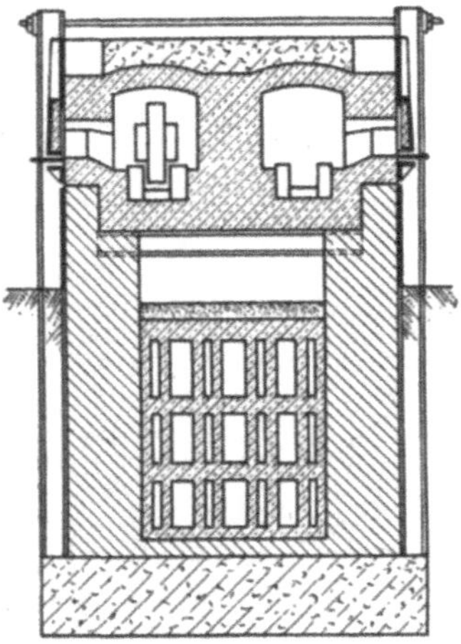

Abb. 137.
Schnitt eines Rollofens für Radblöcke.

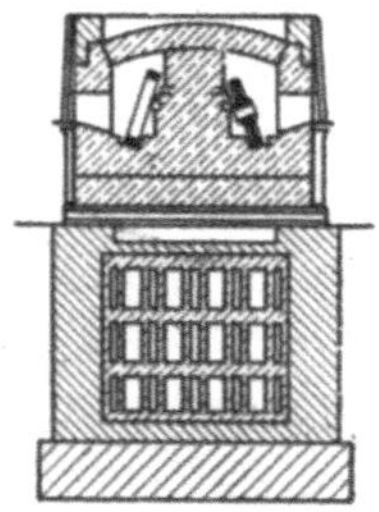

Abb 138.

Die Wahl des Heizstoffes hängt nicht allein von der besseren Beschaffungsmöglichkeit des einen oder anderen ab, denn oft muß man einen bestimmten Heizstoff für Sonderzwecke wählen, um marktfähige Ware billig erzeugen zu können. Außer bei Öl und Koks kann man stets die Abhitze

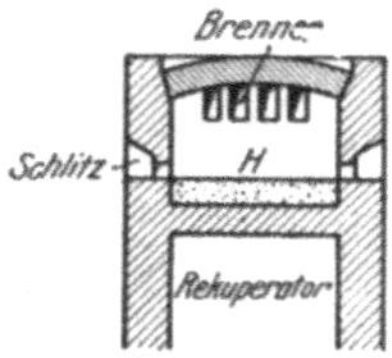

Abb. 139. Schlitzofen.

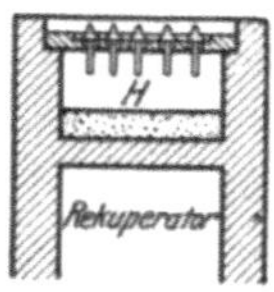

Abb. 140. Bolzenofen.

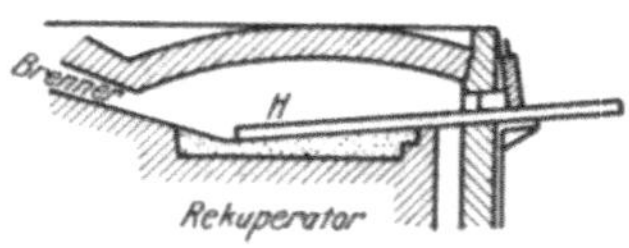

Abb. 141. Stangenofen.

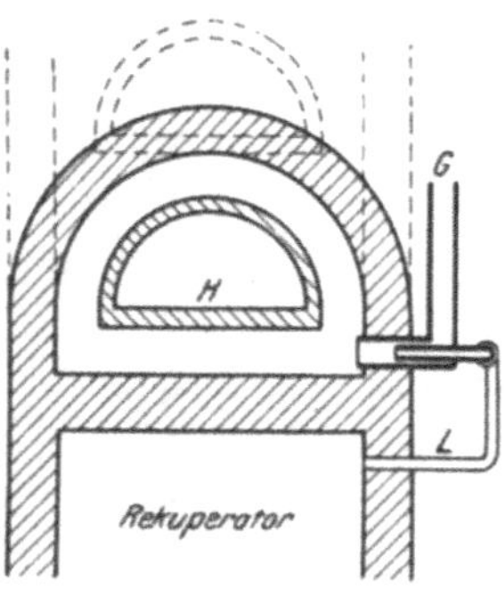

Abb. 142. Muffelofen.

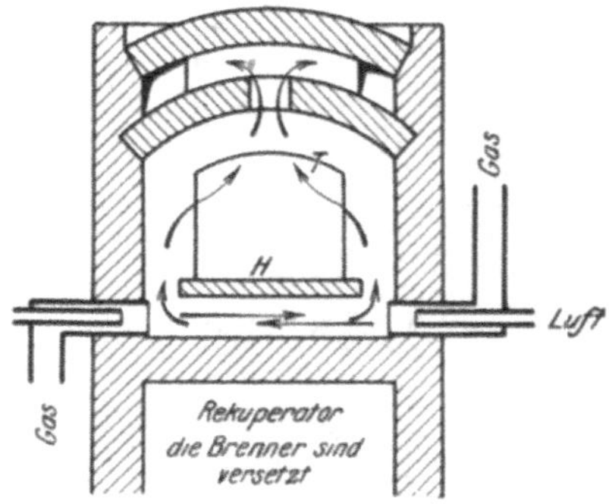

Abb. 143. Plattenofen.

rekuperieren. Für Ölfeuerungen kann Verfasser sich bei Gesenkschmieden bis heute aus verschiedenen Gründen nicht einsetzen.

Der Verbrauch des Ofens an Heizstoff hängt fast ausschließlich von der Herdbreite ab. Deshalb sei man bei der Wahl der Öfen in dieser Hinsicht sehr vorsichtig. Ein Ofen braucht ja nicht immer so aufgestellt zu werden, daß er von der Breitseite gezogen wird (Abb. 130), damit die Länge des Schmiedestückes der Ofenbreite entspricht; man kann ihn ja auch von der Schmalseite ziehen (Abb. 131). Dadurch wird viel Heizstoff gespart, weil die Herdbreite kleiner wird. Es ist dies besser, als wenn man einen großen Ofen für möglichst viel Hämmer oder Pressen ausnutzen will, namentlich für verschiedenartige Gegenstände, und viel Türen auf beiden Längsseiten des Ofens anbringt. Je mehr Türen, desto schneller kühlt der Herd ab. Je mehr verschiedene anzuwärmende Teile, desto mehr Zank und Streit unter den Schmieden. Je mehr Hämmer und Pressen an einem Ofen, desto unwirtschaftlicher arbeitet er, wenn nicht alle Pressen oder Hämmer dauernd arbeiten können.

Die Türen sollen auch nicht gegenüberliegen, sondern versetzt sein wie in Abb. 132[1]). Abb. 133 zeigt einen großen Ofen mit 4 Türen. Abb. 134 und 135 stellen einen kleinen Ofen mit Tür an der Schmalseite dar. Eine Ausnahme von dieser Regel bilden sehr große Sonderöfen für Gesenkteile, z. B. Rollöfen für Eisenbahnräder, die aus den runden Blockscheiben unter 8000 kg-Hämmer im Gesenk vorgeschlagen und später auf der Radwalze fertig gewalzt werden (Abb. 136 und 137). Der Querschnitt 138 zeigt einen ähnlichen Rollofen für Bandagen und andere kreisrunde Preßteile. Hier dienen die vielen seitlichen Öffnungen dazu, das Schmiedegut vorzurollen, das zum Schluß aus der Tür *T* gezogen wird, wo es seine höchste Temperatur erreicht hat. Dieser Ofen, für Massenfertigung von Rädern, arbeitet infolge der vorzüglichen Ausnutzung der Gase durch Vorwärmung des Stahls äußerst sparsam und braucht nur 8 v. H. Kohle vom Gewicht des Einsatzes. Die Abb. 139, 140 und 141 zeigen Sonderformen der Ziehöffnungen

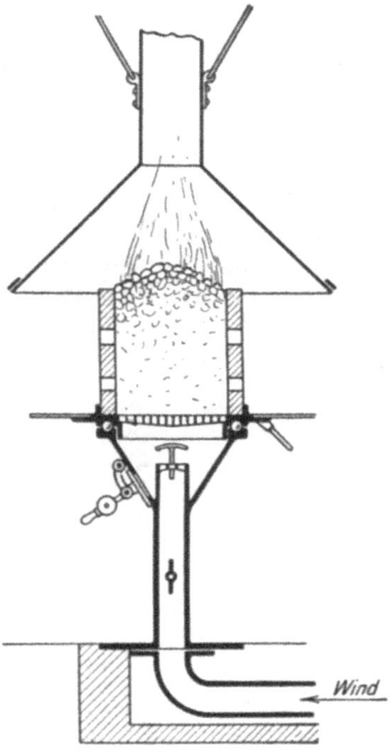

Abb. 144. Drehofen mit Koksbeheizung.

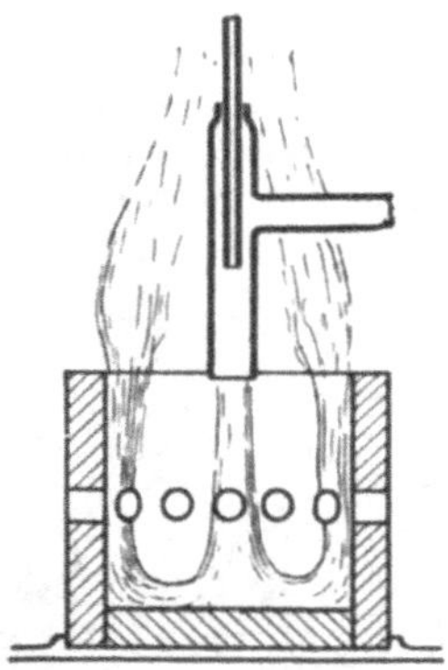

Abb. 145. Drehofen mit Gasbeheizung.

[1]) Rekuperativ-Kleinschmiedeofen von Wilhelm Ruppmann, Stuttgart. Die meisten der nachfolgenden Ofentypen wurden von dieser Firma zur Verfügung gestellt.

und des Herdes bei Kleinöfen. Soll nämlich nur ein Teil des Rohstoffes angewärmt werden, um im Gesenk geschlagen oder gezogen zu werden, so benutzt man keine Türen in der Längsseite des Ofens, sondern lange Schlitze, in die man die Gegen-

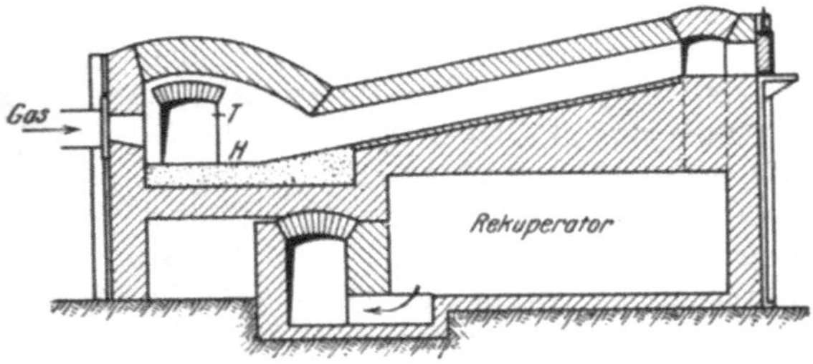

Abb. 146. Rollofen.

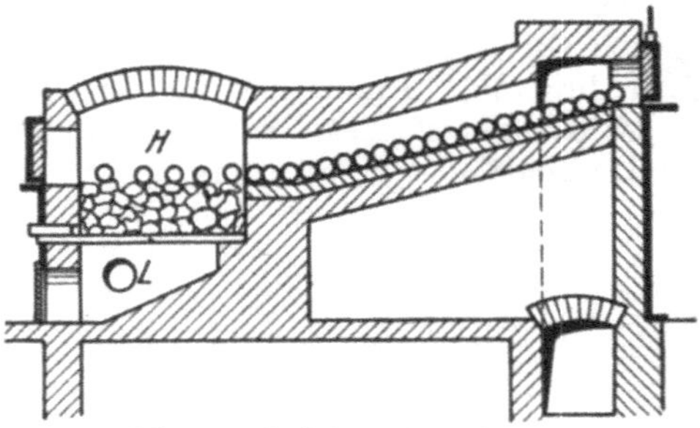

Abb. 147. Rollofen mit Gasfeuerung.

stände einschiebt (Abb. 139), oder Löcher in der Decke des Herdes zum Gewindewalzen von Tirefonds (Abb. 140). Wird von der Stange gearbeitet, so erhält der Herd die Form von Abb. 141. Feinere Preßteile und Messing werden im Muffelofen (Abb. 142) oder Plattenofen (Abb. 143) mit Leucht- oder Wassergas-

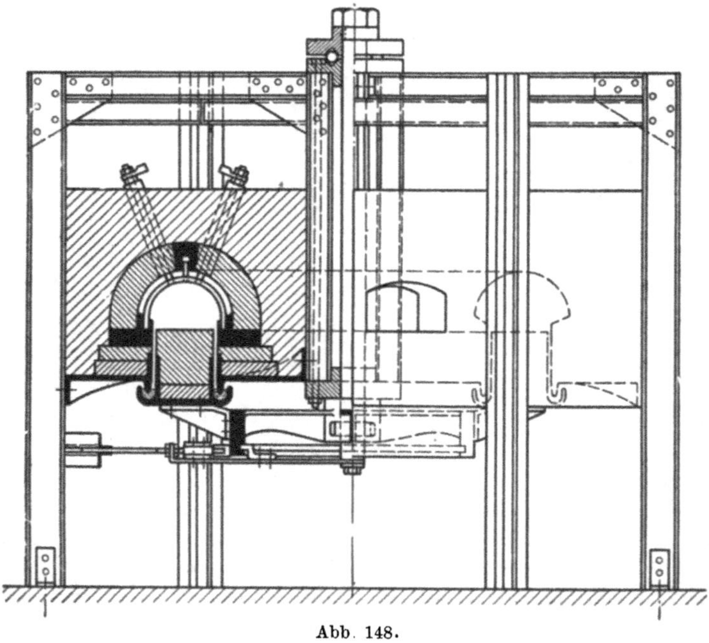

Abb. 148.

heizungen[1]) vorgewärmt. Solche Öfen sind durch Pyrometer leicht auf die gewünschte Temperatur einzustellen. Beim Messingpressen soll nie die Gasstichflamme das Preßgut berühren, weil das Zink an diesen Stellen herausgebrannt und der Preßling durch Rissebildung Ausschuß wird.

Die meisten alten Schraubenpressereien benutzen noch immer die Kokedrehöfen (Abb. 144). Diese verbrauchen viel Koks und geben bei mangelnder

[1]) Auch mit Kohlenfeuerung und Rekuperator.

Aufmerksamkeit verzunderte Schraubenköpfe. Sie verursachen viel Scherereien beim Nachfüllen der Koke und Aufenthalte, die bei Wassergasbeheizung (Abb. 145) vermieden werden. Nur müssen in diesem Falle die Brennerdimensionen richtig gewählt und die Abgase unbedingt durch Ventilator aus der Überwurfkappe abgesaugt werden. Einen ganz kleinen Rollofen mit Kokebeheizung zeigt Abb. 147.

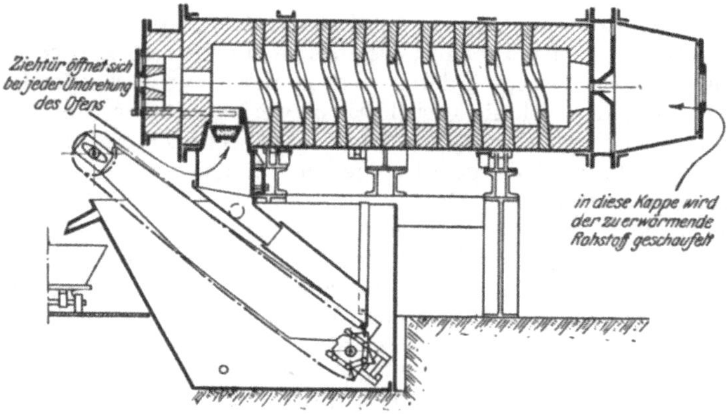

Abb. 149.

Hier wird das Preß- oder Schmiedegut durch die Abhitze vorgewärmt, wodurch der Heizstoffverbrauch sehr vorteilhaft beeinflußt wird. Allerdings hat der Ofen dieselben Nachteile aller Kokeöfen, die durch das Nachfüllen des Heizstoffes großen Aufenthalt verursachen, der bei Massenfertigung schwer ins Gewicht fällt. Dagegen hilft man sich durch Aufstellung zweier oder dreier Öfen zu einer

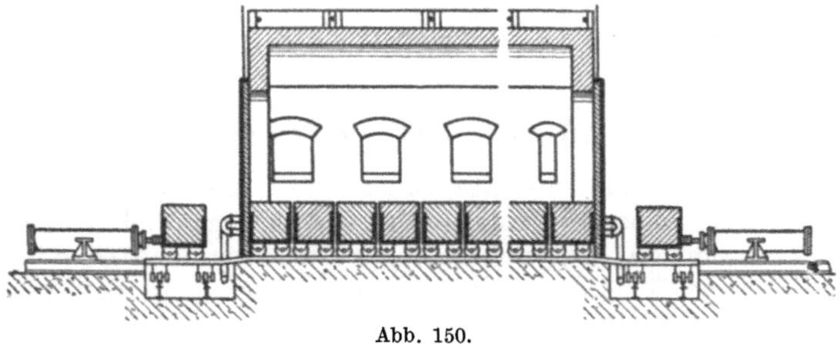

Abb. 150.

Presse oder Hammer. Derselbe Ofen dagegen mit Generatorgas beheizt (Abb. 146) arbeitet sehr vorteilhaft, weil die Abhitze rekuperiert werden kann. Der Brenner ist bei diesem Bilde nur angedeutet.

Es liegt natürlich bei Massenfertigung nahe, einen kontinuierlichen Ofen zu bauen, der kleinere oder größere Teile der Presse oder dem Hammer in gewünschter Temperatur automatisch darbietet, so daß diese Maschinen ununterbrochen arbeiten können. Die Zeit, in welcher ein Rohling die Ofenherdlänge durchstreicht, muß ausreichen, um ihn mit der genügenden Temperatur an der anderen Ofenseite erscheinen zu lassen. Solche Versuche sind auch bereits in Deutschland gemacht, teils mit Erfolg, aber meist mißlungen. Ketten sind nur dort anwendbar, wo sie vor der Ofenhitze geschützt angeordnet sind und meist bei niedrigen Temperaturen nicht über 700÷800° C des Herdes. In Amerika wird auf diesem Gebiete intensiver erfunden. Der Vollständigkeit halber sind einige Bilder gegeben, die der Zeitschrift „The Blast Furnace and Steel Plant" entnommen sind. Einen drehbaren Herd zeigt Abb. 148. Das Preßgut muß mit Hand eingelegt und gezogen werden, wenn es eine fast volle Kreisbewegung im Ofen gemacht hat. Die Flammenführung dürfte nicht so einfach sein. Abb. 149 stellt ebenfalls einen Drehofen dar, doch dreht sich der Herd um seine Längsachse auf Rollen. Auf dem Zylindermantel des Herdes sind Schraubengänge in Schamottesteinen hergestellt, die das Preßgut, welches in die hintere Kappe geschaufelt wird, allmählich nach vorne befördern, wo sich eine Klappe bei jeder Umdrehung einmal öffnet, um einen Schmiedeteil herauszuwerfen. Dieser Ofen kann gleichzeitig zum automatischen Härten von kleineren Stahlteilen eingerichtet werden. Zu diesem Zweck ist ein Wassergefäß vorgesehen, indem ein Conveyor den Transport durch das Wasser besorgt. Der Urheber schreibt aber selbst, daß dieser und der vorhergehende Ofen ihren Erbauern wohl manche bittere Stunde bereiten dürften. Verfasser glaubt dies namentlich für den Fall, daß bei letzterem die Schamotteschraubengänge brechen. Die schwierige Flammenführung verlangt sehr großen Gasverbrauch, so daß, was an Zeit gewonnen, an Geld verlorengeht.

Der Ofen (Abb. 150) ist für schwere Gesenkstücke bestimmt. Er wird auch mit Gas beheizt oder mit dem in Amerika so beliebten Öl. Der Herd wird gebildet von einer dicht aneinandergereihten Kette von auf Räder gestellten Schamotteklötzen, deren obere Teile in Magnesit ausgeführt sind. Auf jedem dieser Wagen liegt ein Schmiedeteil. Die Wagen werden hydraulisch gestoßen und auf Drehscheiben oder Schiebebühnen zur Arbeitsmaschine befördert. Der Wärmeverlust durch die beständige Abkühlung der herausgezogenen Herdteile ist nicht gering, wie bei allen ausfahrbaren Öfen. Vielleicht werden aber diese Unkosten gedeckt durch die Vorteile der Kontinuität.

Jedenfalls harren auf diesem Gebiete noch schwierige Aufgaben der Lösung.

Hammer und Presse[1]).

Einen Stoff kann man nur mit einem anderen drücken, wenn jener auf einer festen, unverrückbaren Unterlage liegt, d. h. eigentlich, man kann einen Stoff nur zwischen zwei anderen Stoffen drücken (Abb. 151), deren Widerstand (Festigkeit) größer ist als der des gedrückten Stoffes. Dabei ist der Druck auf die Auflageflächen nie größer als der Gesamtwiderstand des gedrückten Stoffes. Der Druck auf die Auflagefläche ist der Reaktionsdruck. Wenn nun der Stoff S zwischen den beiden Druckkörpern H und A gedrückt wird (Abb. 152), so lagert sich die unterste Reihe der Atome der Druckplatte H auf die oberste Reihe der Atome des gedrückten Körpers. Dieser Anfangsdruck, so klein er sein mag, wird von Atom zu Atom des gedrückten Körpers übertragen auf die untere Druckplatte, die dieser beabsichtigten Bewegung Widerstand leistet. Es wird also in A eine Reaktion P_1 ausgelöst, die das Spiegelbild des Druckes P ist. Wir können hierbei die Atome aller in Wirkung tretender Stoffe ohne Bezugnahme auf die neuesten Atomtheorien einfach als Kugeln betrachten. Denn wenn der eigentliche Atomkörper von

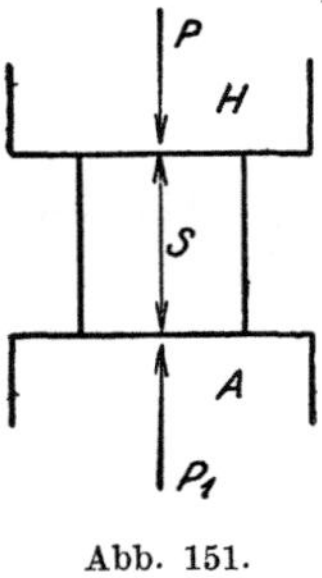

Abb. 151.

[1]) Aus Maschinenbau/Betrieb, 1922, Heft 14.

einem kugelförmigen Magnetfelde von äußerst hoher Spannung umgeben ist, welches ein gegenseitiges Durchdringen unmöglich erscheinen läßt, so ist es für den Techniker gleichgültig, ob er diese Voraussetzung macht oder ob er direkt eine starre Kugel annimmt.

Bei Vergrößerung von P wird in der Berührungsebene ff (Abb. 152) eine leichte Verschiebung der Atome von H und S eintreten, sie werden sich dicht zusammenlagern, ebenso bei A und S in $f'f'$. Sind nun die Druckkörper H und A fester als S, so ist auf diese Weise die Atomreihe (doppelte Kreise der ersten Reihe) des gedrückten Körpers am seitlichen Ausweichen verhindert, die in den Lücken

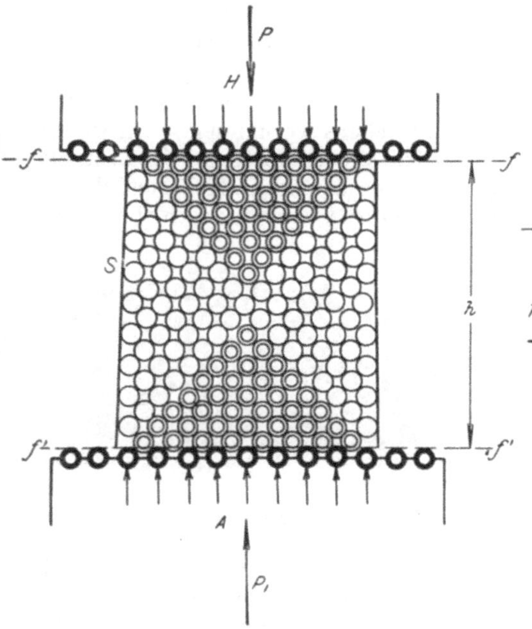

Abb. 152.

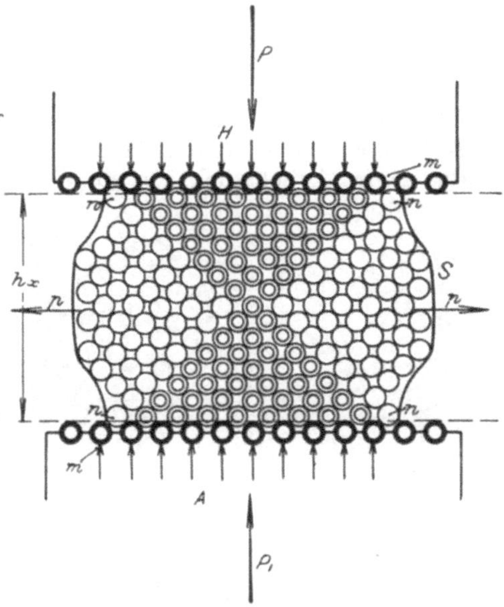

Abb. 153.

liegenden Atome der zweiten Reihe, und die Atome der dritten bis achten Reihe ebenfalls. Alle übrigen Atome von S können verschoben werden.

Die Verschiebung tritt ein, sobald P größer wird als der Gesamtwiderstand aller freien Atome. Da der Raum, den ein Atom einnimmt, auf keine Weise verringert werden kann (ohne das Atom zu spalten, was wir bis heute leider noch nicht fertigbringen), so müssen die gedrückten Atome ausweichen, sobald H sich A nähert, also die Dimension h des gedrückten Körpers auf hx (Abb. 152), verringert wird. Bei dieser Verschiebung der Atome wirken die eingeklemmten Atome der Reihen $1 \div 8$ auf beiden Seiten wie kegelförmige Keile, sie schieben die freie Atommasse zu der einzig freien Seite der Ausweichungsmöglichkeit, und das ist der Mantel des gedrückten Körpers (Abb. 153) in der Richtung p. Die Anzahl der Atome ist dieselbe geblieben, daher auch das Volumen des Körpers, seine Form hat sich verändert, und zwar willkürlich, frei, nur den Naturgesetzen folgend; es ist diese Art des Schmiedens das Freiformschmieden zum Unterschiede gegen das Formgeben in fester Form nicht willkürlich, sondern im Gesenk, dessen Form nicht das Naturgesetz, sondern unser Wille bestimmt.

Die eingeklemmten Atome nennen wir den **Rutschkegel**. Wir sollten besser sagen Druckkegel. Er bildet sich überall, wo ein Stoff gedrückt wird, bald sehr vollkommen, wie Abb. 154 einen Versuch[1]) zeigt, oft sehr unvollkommen, wenn ihm keine Zeit zur Bildung gelassen wird, oder wenn der gedrückte Stoff große Härte hat. Eine Hauptbedingung zur Bildung von Druckkegeln ist die Möglichkeit einer Atomverschiebung, ohne daß die Atome aus ihrem Zusammenhang geraten, also ein knetbarer Zustand des Stoffes.

Abb. 154.

Haben sich die beiden Druckkegel bis zur Berührung ihrer Spitzen genähert, so sind nur zwei Möglichkeiten des weiteren Zusammendrückens vorhanden. Entweder findet eine Zertrümmerung eines oder beider Druckkegel statt. Dieser Zustand ist bei dem Versuch (Abb. 154 und 156) eingetreten, wo der untere Kegel und damit das ganze Druckstück zertrümmert wurde; oder die Kegel verschieben sich

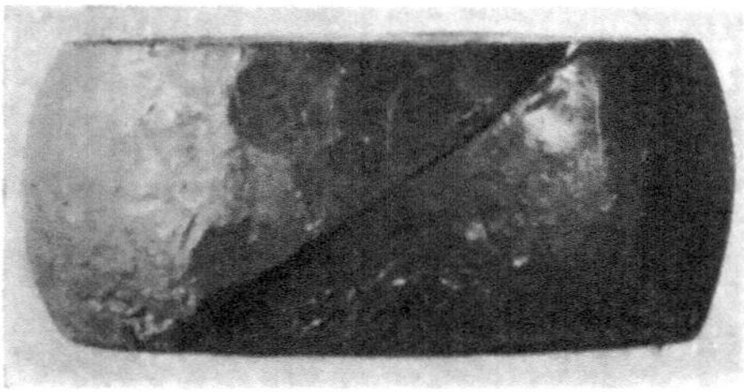

Abb. 155.

Abb. 156.

gegeneinander nach der Linie m—m (Abb. 153 und 155), und dieser Fall ist der häufigere. Bei dem letzten Fall kann ein Ausweichen des Bärs in seinen Führungen stattfinden oder eine Verschiebung des Druckkörpers auf der Druck-

Abb. 157.

fläche H bei soliden Bärführungen, ein Losreißen von Atomen der Flächen ff und $f'f'$ (Abb. 152), deren Spuren deutlich auf der Hammerbahn wie auf dem Druckkörper zu verfolgen sind. Hält die Dehnbarkeit des gedrückten Körpers die

[1]) Siehe auch Zeitschr. 18, S. 281, Abb. 43.

schiefe Verschiebung nicht aus, so reißt er unbedingt nach dieser Linie und oft gleichzeitig in parallelen und senkrechten Lagen zu ihr auf (Abb. 155 und 156).

Bei allen Versuchen, die ich gemacht habe, ist stets der untere Druckkegel zerbrochen. Dieser Umstand, wie auch verschiedene Anzeichen beim Gesenk-

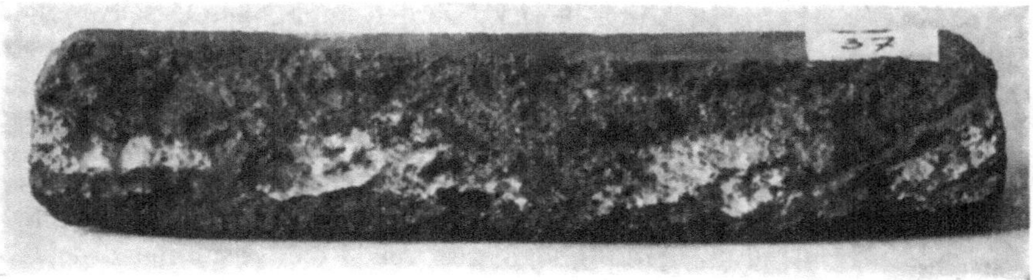

Abb. 158.

schmieden weisen auf eine Verschiedenheit der Wirkung von Hammer- und Amboßkraft hin. Es soll davon unten gesprochen werden.

Beim Hammerschmieden bilden sich oft schöne Druckkegel, wie Abb. 157 zeigt, wenn mit einem Hammer geschmiedet wird, der der Stärke des Rohstoffes entspricht, und wenn das Eisen sehr faserig und sehr heiß ist (Puddeleisen, Schweißeisen, Abb. 157). Auch beim Walzen findet man die Bildung bei ebensolchem Material, ein Zeichen, daß die Wirkungen von Presse, Hammer und Walze analog sind (Abb. 158). Wenn die Höhe des gedrückten Körpers $h x$ verringert wurde, so vergrößert sich seine Druckfläche dadurch, daß die dem

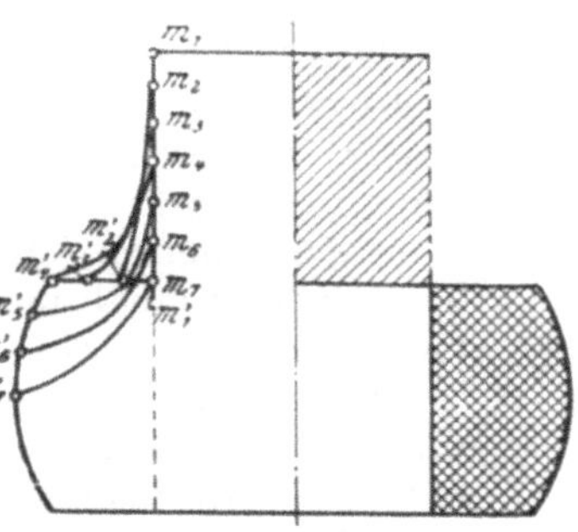

Abb. 159a.

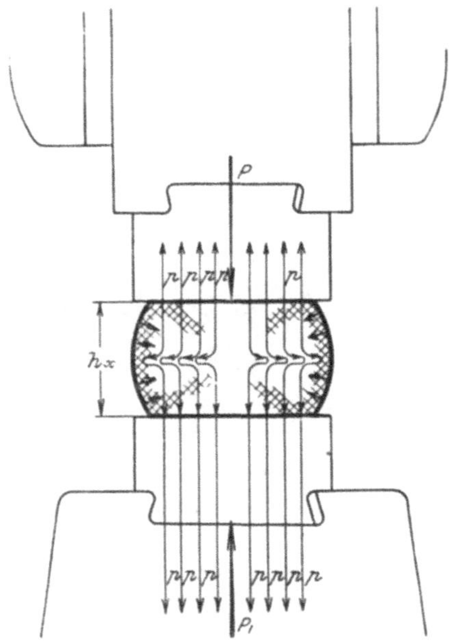

Abb. 159b.

Umfang der ursprünglichen Druckfläche zunächst gelagerten Atome n (Abb. 153) sich an die Druckflächen anschmiegen und so fort. Wenn es also möglich wäre, ohne den Stoff zu zerreißen, ihn in einer Pressung auf Atomdicke zu breiten, so würden theoretisch alle Mantelatome von $\frac{h}{2}$ oben, an der oberen Druckfläche, alle Mantelatome von $\frac{h}{2}$ unten, an der Amboßfläche liegen.

Diese Druckflächenvergrößerung erfordert bei derselben Flächenpressung eine Vergrößerung der Kraft P der Schmiedemaschine gegen das Ende der Pressung. Die nicht im Druckkegel festgeklemmten Atome müssen bei der Formveränderung des Druckstückes in Bewegung versetzt werden, damit die Formveränderung bewirkt werden kann. Die Geschwindigkeit dieser Bewegung hängt ab erstens von dem Widerstand der Kohäsionskraft und zweitens von der Trägheit der einzelnen Atome. Dadurch ist die Fließgeschwindigkeit begrenzt. Ein Maximum kann sie nicht überschreiten.

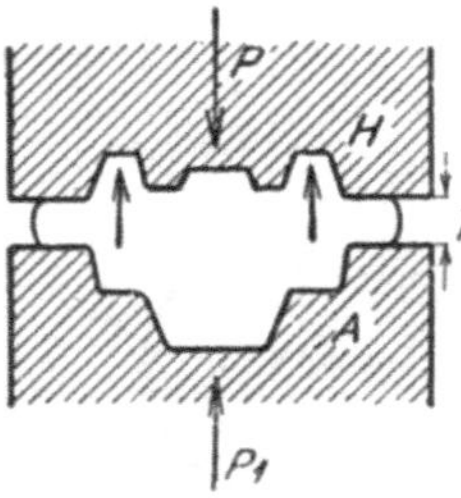

Abb. 160.

Wenn nun der Bär eines Dampfhammers mit einer Geschwindigkeit von 5 m in der Sekunde ein Schmiedestück trifft und dieses um 3 cm zusammendrückt, so hatte die Verschiebung der Druckkegelatome eine Geschwindigkeit von $^5/_2$ m/sec = 2,5 m/sec[1]). Diejenigen Atome aber, welche einen größeren Weg als 3 cm zurücklegen mußten, wie z. B. das Atom m_6 (Abb. 159a), das vielleicht einen Weg von 5 cm zu machen hat, hatten eine sekundliche Geschwindigkeit von $\frac{5+5}{3\cdot 2} = \sim 4$ m/sec. Bei Messingatomen habe ich ähnliche Fließgeschwindigkeiten beobachtet. Bei Stahlatomen glaube ich aber nicht an eine derartig hohe Geschwindigkeit der Atombewegung, die beispielsweise nicht höher sein dürfte als 1 m/sec. Was geschieht nun bei einer Auftreffgeschwindigkeit von mehr als 2 m/sec? Die Atome verweigern den Dienst des Fließens. Sie ballen sich am Mantel zusammen, und der ganze Körper erhält die Konsistenz des Magma (Abb. 159b). Versuche haben bewiesen, daß oft die Elastizitätsgrenze überschritten wird und der Mantel in Stücke reißt. Eine Verringerung der Höhe h ist nicht mehr möglich, die überschüssige Kraft des Hammers wirkt nur auf die Zerstörung des Hammerfundamentes und Erschütterung des Erdbodens. So wirkt der Dampfhammer beim Freiformschmieden. Für Formgebung s e n k r e c h t z u r S c h l a g -

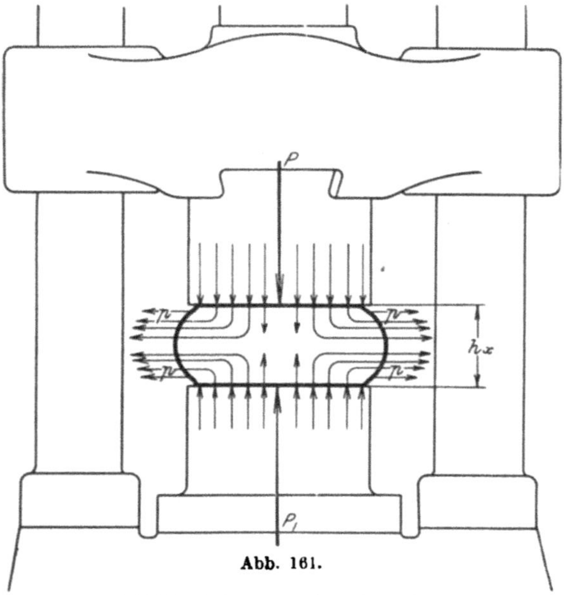

Abb. 161.

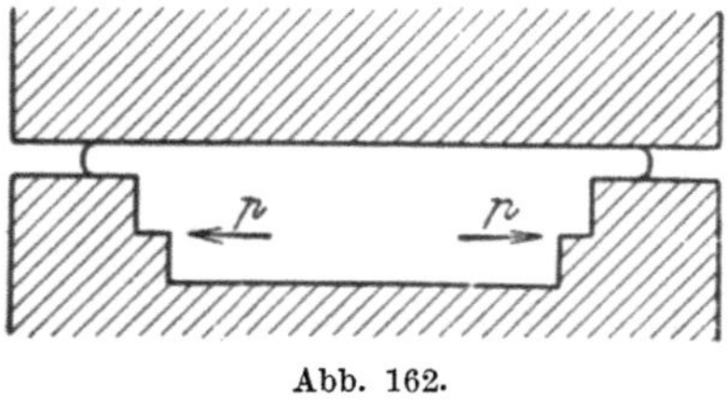

Abb. 162.

[1]) Auftreffgeschwindigkeit 5 m, Endgeschwindigkeit = 0, also mittlere Geschwindigkeit $= \frac{5}{2} = 2{,}5$ m.

richtung ist er nichts wert. Ja, wenn man die zerstörende, verlorene Kraft in ihrer Richtung ausnutzt, indem man den magmatischen Druck in freien Teilen von Hammer- und Amboßbahn sich austoben läßt (Abb. 160), erzielt man an diesen Stellen wunderbare erzwungene Formen nach Belieben, dann wird h ganz klein. Das nennt man Gesenkschmieden. Bei Formgebung in der Schlagrichtung ist der Hammer der König.

Wollen wir jetzt von diesem Gesichtspunkte aus die Presse betrachten.

Wenn die Presse um $h \div h_x$ in den Rohstoff eindringt, so erteilt sie den Atomen der Druckfläche bei einer Kolbengeschwindigkeit von 0,5 m/sec zwar dieselbe Geschwindigkeit, aber immer nur noch die Hälfte der Maximalfließgeschwindigkeit der Atome. Die Presse steht erst still, wenn $F_x \cdot \sigma_t$ größer wird als $F_k\, p$, wobei F_x die sich vergrößernde Druckfläche des Rohstoffes, σ_t die Schubspannung des Rohstoffes bei der Temperatur t, F_k die Fläche des Druckkolbens und p der Druck in Atmosphären. Bei dieser niedrigen Fließgeschwindigkeit können die Atome bequem ihren von der Natur vorgeschriebenen Weg suchen. Die Kraft P wird restlos zur Deformierung des Mantels des gedrückten Stoffes benutzt, der behäbig in die Breite fließt. h_x ist nur durch obiges Gesetz begrenzt. Das ist die wahre Maschine, den Rohstoff durchzukneten und vollkommene Fließvorgänge zu erzeugen (Abb. 161 u. 162).

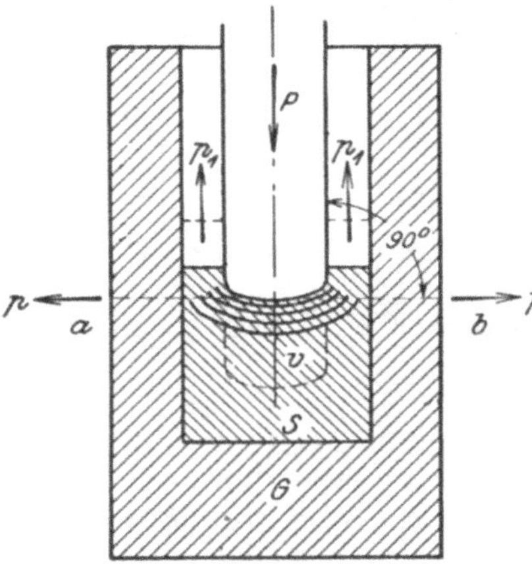

Abb. 163.

Wenn man aber Amboß und Hammer aushöhlen wollte, um hier formgebend zu wirken, so würde man ein Fiasko erleiden. Die Fließrichtungen sind derartig intensiv in die Richtung p gelenkt, daß der Stoff in der Kraftrichtung keine Zeit hat auszuruhen. Bringt man aber in der Mantelfläche formgebende stählerne Widerstände ein, so werden diese vorzüglich ausgefüllt. Das ist der Unterschied zwischen Hammer und Presse beim Freiform- und Gesenkschmieden. Das ist so einfach und so wenig verstanden.

Nun wird man mir vorhalten, daß es doch einen Fließvorgang gibt in der Kraftrichtung, der nur auf der Presse bewirkt werden kann, das Pressen von Geschoßhülsen.

Geschoßhülsen kann man nur pressen in vollkommenem Fließvorgang. Hier ist die Fließrichtung, die die Presse gibt, um 90° verdreht. Hohlkörper pressen ist kein Gesenkschmieden (Abb. 163).

Der Stempel drückt mit der Kraft P auf den Rohstoff S, der in dem Preßgefäß G liegt, verflüssigt das Volumen V, welches normal in der Richtung p ausweicht und in der Richtung p_1 erstarrt. Die Unterkante des Stempels $a\,b$ ist die Wurzel des Wachstums der Hülse. Die Hülse wächst proportional mit der Eindringtiefe des Stempels. Man versuche es, einen langen dünnen Dorn mit 5 m Auftreffgeschwindigkeit auf den Rohstoff niedersausen zu lassen. Durch die magmaartige Beschaffenheit des Rohstoffes im Moment des Schlages würde der Dorn zersplittern. Hier handelt es sich um die Erzeugung eines normalen vollkommenen Fließvorganges unter der Presse mit Stoffverschiebung senkrecht zur Kraftwirkung.

Bei dieser Gelegenheit soll der unvollkommene und der vollkommene Fließvorgang und die Verfeinerung des Korns beim Schmieden erörtert werden. Im

*

flüssigen Aggregatzustande sind die Kristalle eines Metalles (das Korn) in Atome aufgelöst. Die Neubildung von Kristallen findet erst wieder bei der Abkühlung statt, und zwar werden die Kristalle um so größer, je langsamer die Abkühlung vor sich geht, d. h. genauer ausgedrückt, je länger das Metall vollkommen ungestört durch äußere Einflüsse auf dem Temperaturpunkt erhalten wird, der der Kristallisation am günstigsten ist. Diese Temperatur liegt zwischen dem Schmelzpunkt und dem Erstarrungspunkt des Metalles.

Der Abguß I wird durchschnittlich feineres Korn ergeben als der Abguß II aus demselben Stoff (Abb. 164). Dies sei vorausgeschickt, ohne weiter auf die Verschiedenheit in der Kristallbildung auch in starrem Zustande durch Wärmebehandlung einzugehen. Der Ausdruck „Fließen" für absichtliche Verschiebung der Atome eines Stoffes hat durchaus nicht für dessen Klärung beigetragen. Ein flüssiger Stoff „fließt" infolge des Naturgesetzes der Gravitation ohne unser Zutun, sobald er nicht durch seine Unterlage daran verhindert ist. Die selbsttätige Verschiebung der Atome eines flüssigen Stoffes gegeneinander unterscheidet sich nur dadurch von der erzwungenen Verschiebung eines fließenden Stoffes, daß im zweiten Falle der zum Verschieben notwendige Energieaufwand ein größerer ist. Die erzwungene Verschiebung findet stets in einem Temperaturzustande statt, der unter dem Schmelzpunkt des Stoffes liegt, also im festen Aggregatzustande. Der nötige Energieaufwand ist um so größer, je größer die Schubfestigkeit des Stoffes ist, oder wenn man sich nach den neuzeitlichen Atomerkenntnissen ausdrücken wollte, je stärker die magnetischen Felder der Atome sind, die die Kohäsion des Stoffes bewirken.

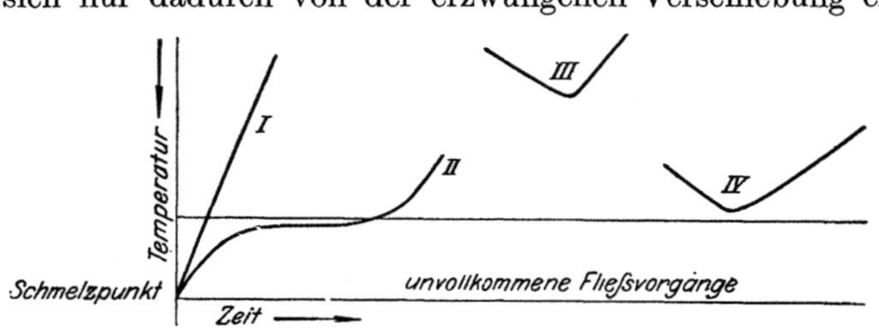

Abb. 164.

Die Kohäsion ein und desselben Stoffes ist gewöhnlich eine Funktion seiner Temperatur in den Grenzen von 300°[1]) und dem Schmelzpunkt. Der Punkt 300 ist hier, allgemein angegeben, der Temperaturpunkt der größten Kohäsion des Stoffes. Kohäsion und Schubfestigkeit sind analoge Begriffe. Der erstere allgemein, der letztere auf die Flächeneinheit bezogen.

Aus dem Vorgesagten ergibt sich, daß der Druck auf die Flächeneinheit eines Stoffes (oder die Energiemenge, die die formende Maschine auszuüben hat) eine Funktion seiner Temperatur ist. Diese beiden Größen stehen z. B. beim Stahl in ganz bestimmtem Verhältnis zueinander.

Sämtliche Preß- und Schmiedeverfahren liegen nun zwischen den Temperaturgrenzen von — dicht unter dem Schmelzpunkt bis zur Temperatur unserer Umgebung. Prinzipiell besteht kein Unterschied zwischen Kalt- und Warmpressen irgendeines Stoffes, sobald dieser seine Geneigtheit zu solchen Operationen erklärt. Diese Geneigtheit der verschiedenen Stoffe allerdings liegt zwischen den Grenzen 0 und fast ∞, wenn wir auf die eine Seite ein Stück Kreide, auf die andere den Gespinstfaden einer Spinne setzen. Sprödigkeit und Dehnbarkeit sind die Geheimnisse, welche zu ergründen wir heute auf dem Wege sind aus eben der Erkenntnis der magnetischen Felder von Atom, Kern und Elektron, und je emsiger der Techniker seine veralteten An-

[1]) Z. B. beim Eisen.

schauungen in dieser Richtung revidieren wird, desto schneller werden wir fortschreiten.

Wir sagen im allgemeinen, die Verschiebung der Atome beim Pressen und Schmieden wird durch den Druck ausgelöst. Wieviel aber dazu die Wärmemenge beiträgt, die durch ebendiesen Druck frei wird, wissen wir nicht. Sie ist jedenfalls beim Kaltpressen im Verhältnis zu der Wärmemenge, die zum Schmelzen gehört, gering; beim Warmpressen aber fehlt im allgemeinen nicht mehr viel Wärme, um unter dem Druckstempel den Schmelzpunkt zu erreichen. Kurve III (Abb. 164), stellt den Verlauf der Temperatur einer Kaltpressung von Eisen dar, weit unter dem Kristallisationspunkt. Die Kristalle werden verschoben und in unregelmäßige Körner zerdrückt, so daß gerade noch die Faser zu erkennen ist. Das Metall wird bis zur Grenze der Dehnbarkeit beansprucht. Die gepreßten Teile sind sehr spröde, so daß Köpfe von kalt gepreßten Nieten und Schrauben bei nicht zu starken Hammerschlägen abspringen, weil die Atome durch die Pressung wahrscheinlich zu dicht aneinandergerückt wurden, so daß Gegenspannungen gegen die Kohäsionskraft erzeugt wurden. Bei harten Eisensorten können diese Gegenspannungen so groß werden, daß die Köpfe beim Abkühlen unter der Presse selbst abspringen und fortgeschleudert werden, weil die Druckspannungen zwischen den Atomen bereits gegen die Kohäsionskraft wirken, diese also an der Grenze des 0-Punktes liegen oder negativ wurden. Erst ein intensiver Glühprozeß bei 950° C läßt die Atome in ihre Ruhelage zurückgehen. Der Fließvorgang ist unvollkommen.

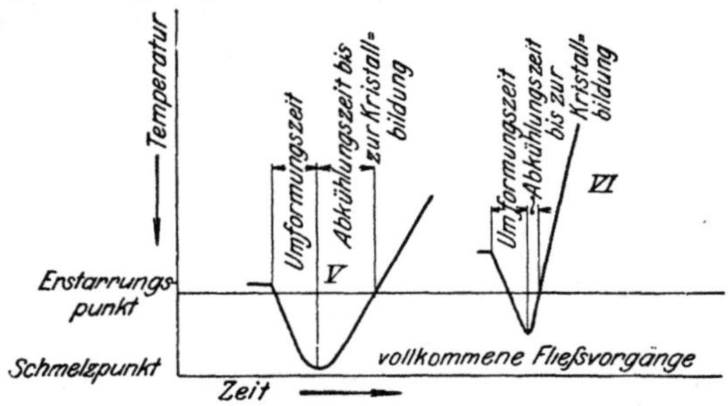

Abb. 165.

Kurve IV gibt den Temperaturverlauf eines unvollkommenen Fließvorganges bei einer Warmpressung. Die Kristalle werden nicht zerstört, sondern nur gedehnt, d. h. die ursprünglichen Metalle erleiden nur eine Formveränderung, die sehr weit getrieben werden kann, so daß sie in dünne, langgestreckte, plattenförmige Körper ausgestreckt werden, was vielfach beim Walzen nachgewiesen worden ist und sehr oft bei schlechtem Schmieden bei zu niedriger Temperatur mit zu leichtem Hammer.

Ein vollkommener Fließvorgang kann nur bei Temperaturen stattfinden, die in der Nähe des Schmelzpunktes liegen. Diese Temperatur braucht nicht Anfangstemperatur zu sein, sondern wird teilweise durch den Preßdruck erzeugt. In jedem Falle werden beim vollkommenen Fließvorgange die Kristalle in ihre Atome aufgelöst, wobei die Konsistenz des Stoffes jedoch dickflüssiger ist als im geschmolzenen Zustande. In diesem Zustande findet eine vollkommene Formgebung statt. Manchmal steigt die Temperatur direkt bis zum Schmelzpunkt. Mir ist ein Fall bekannt, wo eine Legierung von Zinn, Zink und Aluminium auf ihre Spritzbarkeit geprüft werden sollte in einer 1000-t-Presse. Der Block wurde auf 150° angewärmt und spritzte bei einem Druck von nur 100 Atm als Regen aus der Düse heraus an die gegenüberliegende Gebäudewand, von wo er mit dem Besen zusammengefegt werden mußte, um wenigstens etwas von dem damals sehr teuren Material zu retten. Man hätte den Block ganz kalt pressen sollen, weil er jedenfalls durch den Druck eine weitere Temperaturerhöhung bis über den Schmelzpunkt erfuhr. Kurve V (Abb. 165) zeigt einen Temperaturverlauf beim Eisen, welches sehr heiß gepreßt wurde, so daß das Fließen in der Nähe des Schmelzpunktes liegt. Solche Stücke zeigen gröberes Korn nach dem Pressen, weil bis zum Kristallisationspunkt bei der drucklosen Abkühlung genügend Zeit zur Bildung größerer Kristalle bleibt.

Sehr feine Körnung oder große Dichtigkeit des Metalles wird aber nur dann eintreten, wenn die Preßtemperatur nicht zu hoch, beim Stahl z. B. 1070 ÷ 1100° C, und die Temperatur beim Fließen noch verhältnismäßig weit vom Schmelzpunkt entfernt ist. VI. Dann ist die Zeit vom Fließen bis zur Erstarrung sehr gering, das Korn wird sehr fein. Die großen 30,5-cm-Schrapnellhülsen waren bei sehr heiß gehenden Öfen nach dem Ausheben oft noch so heiß, daß sie sich durch ihr eigenes Gewicht deformierten und seitlich umbogen, wodurch sie unbrauchbar wurden. Das Korn war in diesem Falle immer gröber, als wenn sie etwas kälter, allerdings mit größerem Kraftaufwand, gepreßt wurden.

Die Theorie, daß die ursprünglichen Kristalle beim vollkommenen Fließvorgang sich in ihre Atome auflösen, ist auch bewiesen durch die Beschaffenheit der gespritzten Messingstange gegenüber der strahlenförmig kristallinischen des Rohblockes. Es ist gar nicht anders denkbar, daß so grobe strahlige Kristalle, wie sie in meiner Arbeit „Der Vorgang des Fließens im gepreßten Messingblock“ [1]) im ausgelösten Zustande abgebildet sind (in 75 v. H. der natürlichen Größe), anders in diesen fein kristallinischen Zustand der gespritzten Stange, deren einzelne Kristalle nur unter der starken Lupe erkennbar sind, übergehen können, als daß sie durch Neubildung aus dem Atombrei entstanden sind. Oft beobachtet man Gratbildungen von einer Feinheit weit unter 0,1 mm Dicke. Wenn man diesen Grat bricht, so sieht man bei schwacher Vergrößerung oft noch 20 ÷ 30 Korn in der Dicke, während das Korn des Rohstoffes die Stärke des Grates um das Vielfache überschritt. Der dünne Grat wird durch die kalten Gesenkflächen äußerst schnell zum Erstarren gebracht, nachdem er doch fast flüssig gewesen sein muß, um bis zu solcher Feinheit gedrückt werden zu können.

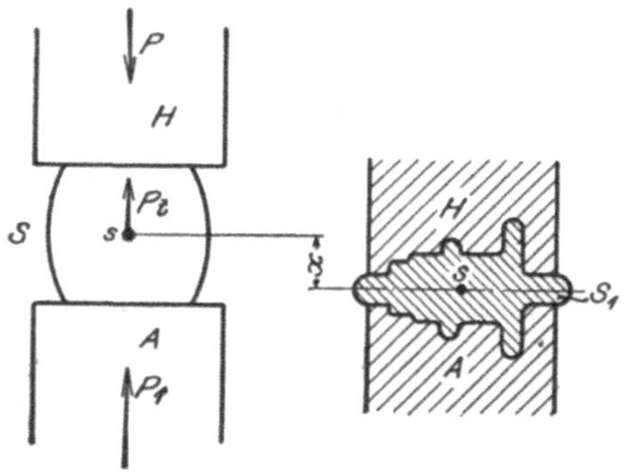

Abb. 166.

Wir kommen nun zurück zu der obigen Bemerkung, daß die Wirkung der Hammerbahn beim Gesenkschmieden größer sei als die der Amboßbahn. D. h. der Schmiedemeister verlegt gern die komplizierten hohen Formen in das obere und die einfachen flacheren Formen des Schmiedestückes in das untere Gesenk. Er behauptet, der Hammer schlägt ja, während der Amboß ruht, und schreibt gefühlsmäßig diesem „Schlagen“ gegenüber dem „geschlagen werden“ die größere Wirkung zu.

Abb. 166 zeigt dieselbe Stoffmenge S in die Form S_1 geschmiedet. Der Schwerpunkt s der Stoffmasse ist um x verschoben, also aus dem Zustande der Ruhe in den Zustand der Bewegung versetzt worden.

Wenn der Hammer H mit einer Auftreffgeschwindigkeit von 5 m/sec den Rohstoff S berührt, so muß, um ihm dieselbe Geschwindigkeit zu

[1]) Vgl. Aufsatz Seite 88.

erteilen, eine Kraft wirken, die seine Trägheit überwindet und die gleich ist

$$T = \frac{M_s \cdot V^2}{2}.$$

Wiegt der Stoff 100 kg, so setzt er dem Hammer eine Trägheit bei 5 m Auftreffgeschwindigkeit entgegen von

$$T = \frac{10 \cdot 25}{2}\,\text{mkg} = 125\,\text{mkg}$$

oder bei einer Schlagtiefe von 0,05 m (bei jedem Schlage) einen Druck

$$P_t = \frac{125}{0{,}05} = 2500\,\text{kg}$$

in der Richtung gegen den Hammer. Dieser Druck bewirkt entschieden ein Vorschmieden der Hammerbahn zu einem Zeitpunkte, wenn die Amboßbahn noch nicht anfängt zu schmieden. Der Druck P_t kommt also von P_1 in Abzug, und zwar bei jedem Hammerschlag. Man hat dagegen eingewendet, daß der Amboß etwas Ähnliches bewirkt, das Zurückfedern, welches durch vorheriges Ausweichen des Ambosses entsteht und das die Trägheit des Stoffes ausgleichen müßte. Man vergißt aber dabei, daß diese Vorgänge zu verschiedenen Zeitperioden erfolgen, also hintereinander, so daß der Amboß seine aufgespeicherte Energie erst abgeben kann, wenn die Hammerenergie bereits verpufft ist. Das Rückfedern des Ambosses kann nur Obergesenk und Hammer hochwerfen ohne Wirkung auf das Schmiedestück, weil der Gegendruck fehlt. (S. Abb. 167.)

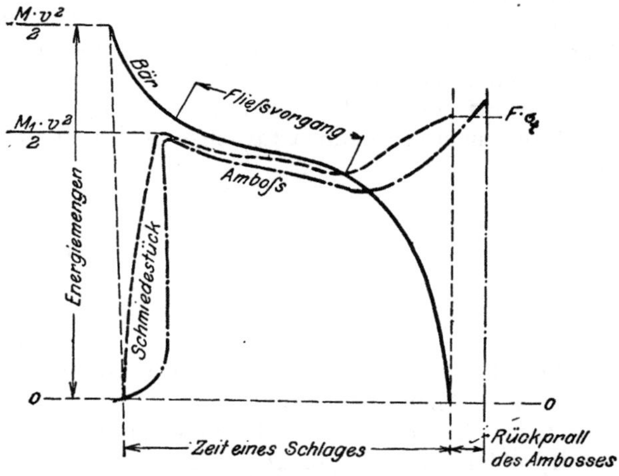

Abb. 167. Energieabgabe von Bär, Amboß und Schmiedestück während der Zeit eines Schlages.

Kraft- und Wärmewirtschaft der Freiformschmiede.

1. Anschauungen über die Vorformen des Rohstoffes beim Freiformschmieden[1]).

Unter allen Werkstätten ist immer noch die Schmiede am vernachlässigtsten, obgleich von ihrer Arbeit genau soviel für die wirtschaftliche Fertigung der Maschine abhängt wie bei den anderen. Der Hauptgrund dieser Vernachlässigung scheint mir wohl darin zu liegen, daß wir in der Schmiede jeglicher Bezugseinheit

[1]) Aus Betrieb, 1920/21, Nr. 17.

entbehren müssen, auf welche wir die Berechnung der Wirtschaftlichkeit zurückführen könnten.

Die mechanische Werkstatt hat ihren Kubikzentimeter abgehobenen Metalles und kann leicht Vergleiche anstellen zwischen den einzelnen Arbeitsmaschinen. Warum hat die Schmiede nicht auch ihren Kubikzentimeter „ver-

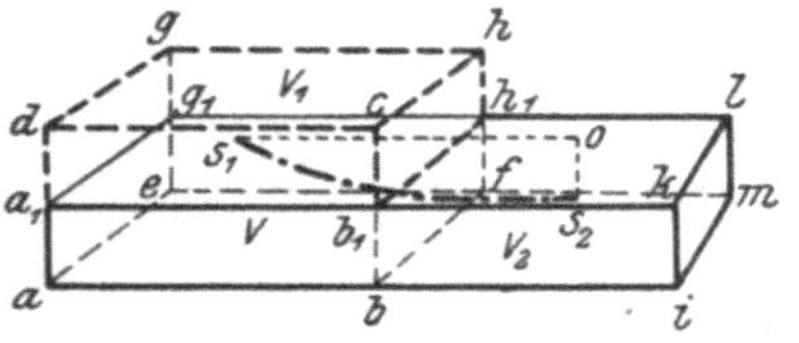

Abb. 168.

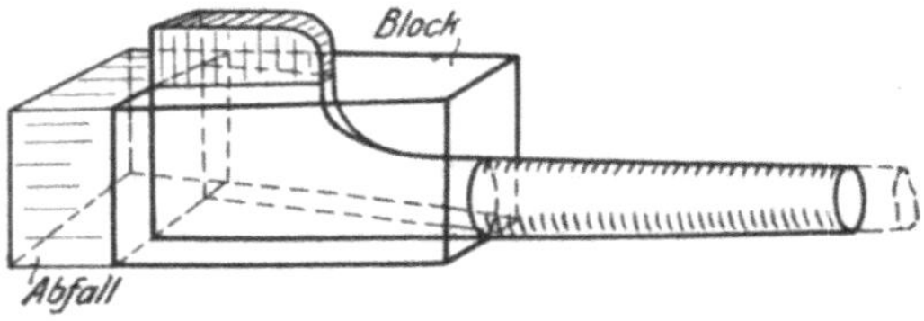

Abb. 169.

schobenen Metalles“? Weil uns die Technik bis heute noch nicht mit einer einfach zu handhabenden Formel beglückt hat, die wir unbedingt brauchen, denn solange wir sie nicht haben, sind alle Vergleiche von Schmiedeanlagen und Schmiedemethoden problematisch.

Rohstoff, Ofensystem, rein- und dampfhydraulische, Kurbel-, Exzenter- und Friktionspresse können für ein und dasselbe Schmiedestück unter den verschiedensten Kombinationen in Betracht gezogen werden, doch kann heute niemand mit positiver Sicherheit die Faktoren zusammensetzen, welche den höchsterreichbaren Wirkungsgrad gewährleisten. Man ziehe nur einmal einen Vergleich zwischen dem Wirrsal der Ansichten hierüber und dem abgeklärten Vorgehen bei der spanabhebenden Fakultät.

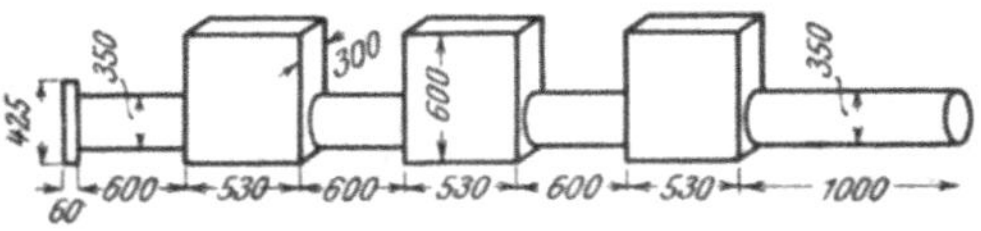

Abb. 170.

Diese Schwierigkeiten sind wohl einzig und allein in der Unaufgeklärtheit des „Stoffproblems an sich“, nicht so sehr in den Physiker- als hauptsächlich in Technikerkreisen begründet.

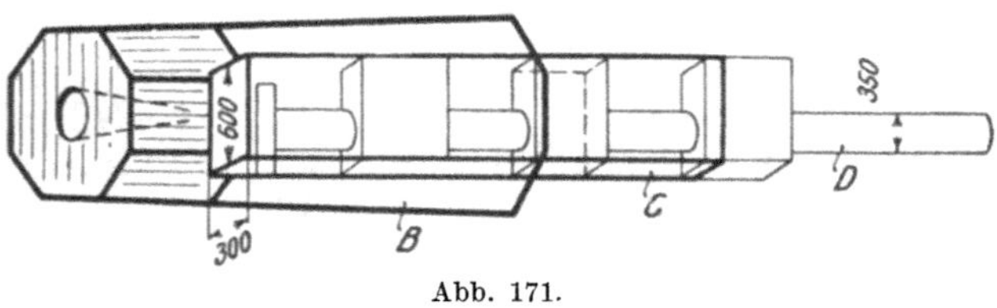

Abb. 171.

Wenn die Form $abcdefgh$ (V_0) in die Form $aika_1eg_1lm$ (V) umgewandelt werden soll, so muß die Stoffmenge $a_1b_1cdg_1h_1gh$ (V_1) dorthin verschoben werden, wo sich später dieselbe Stoffmenge bib_1kfmh_1l (V_2) befindet. Abb. 168.

V_1 wandert in horizontaler Richtung den Weg s_1o, wobei s_1 der Schwerpunkt von V_1 ist, und in senkrechter Richtung den Weg os_2, wobei s_2 der Schwerpunkt von V_2 ist. Die Resultierende dieser Wege wird wohl die Linie s_1s_2 sein. Die für diese Verschiebung aufgewendete Kraft ist gleich Ps und dies $s = os_2$.

Wir wollen den Weg s_1s_2 mit S bezeichnen und dabei denken, daß S ist gleich der Summe aller Wege der verschobenen Atome. V_1 ist gleich V_2, und wenn U die Umformungsarbeit bedeutet,

$$U = VS = \sum Ps \text{ in ccm/m}.$$

Damit wären wir in der Lage, die Akkordlöhne eben rechnerisch vorherzubestimmen wie beim Drehen, Fräsen, Hobeln usw., z. B. die Herstellung eines

Ruderschaftes aus einem Block nach Abb. 169, indem wir nacheinander von einer Form zur anderen übergehen, also zwischen den verschiedenen Hitzen.

Die ganze schmiedetechnische Wissenschaft befindet sich in den Köpfen einiger, verhältnismäßig weniger Fachleute, und diese paar Köpfe haben auch noch viele Sinne. Es ist klar, daß darunter die Wirtschaftlichkeit der Schmiede leidet. In allen Industriestaaten wird heute fast durchweg angenommen, daß ein Schmiedestück erst gut durchgearbeitet ist, wenn es auf $^1/_4 \div ^1/_5$ des Blockquerschnittes heruntergeschmiedet wurde. Diese Ansicht ist einfach als Axiom aufgestellt, obgleich sie nur eine Nation von einer anderen übernommen hat. Nun haben die Amerikaner gerade in der letzten Zeit Versuche hierüber angestellt und gefunden, daß dieser Lehrsatz durchaus nicht immer wahr ist. Ich will hier gleich feststellen, daß ich nicht der Ansicht bin, daß alles wahr ist, wenn es nur amerikanisch ist. Auf meine Vorhaltungen über einen total verpfuschten, ziemlich verwickelten Schnitt hat mir mal ein Werkzeugmacher geantwortet: Sie können das nicht verstehen, weil Sie nicht in Amerika gewesen sind[1]).

Die Amerikaner haben also festgestellt, daß beim Breiten des Blockes Festigkeit sowie Dehnung abnehmen, und daß beim Strecken sowohl Festigkeit wie Dehnung nicht mehr wesentlich zunehmen, sobald man die Verjüngung über $\frac{1}{2\frac{1}{2}}$ bis $^1/_3$ des Blockquerschnittes treibt. Wenn man aber mit $^1/_3$ auskommt, wird das Schmieden sicherlich nicht wirtschaftlicher, wenn man bis $^1/_4$ und $^1/_5$ geht. Das ist aber ein großer Unterschied.

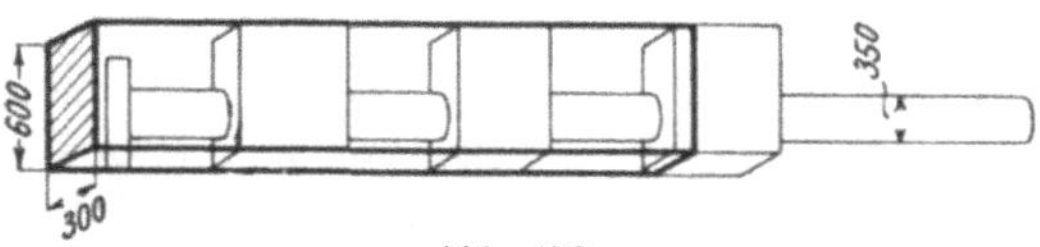

Abb. 172

Wenn man zwar die Form des Steuerschaftes schwerlich einem anderen Querschnitt des Rohstoffes zuläßt, als in Abb. 170 angegeben, so gibt es doch sehr viele Formen, bei denen in bezug auf die Querschnittsverjüngung sehr auf Kosten der Wirtschaftlichkeit „gewirtschaftet" wird.

Als klassisches Beispiel sei eine Kurbelwelle für Schiffsmaschinen (Abb. 170) genommen. Diese Kurbelwelle dürfte ungefähr 4500 kg fertiggeschmiedet wiegen. Der Schaft von 350 mm ⌀ hat 9 dcm² Querschnitt, die Kurbel mit 600 × 300 mm hat 18 dcm² Querschnitt. Dazu wird ein Block verwendet als Rohstoff von 760 × 760 gleich 57 dcm².

Im Verhältnis zum Schaft ist die Verjüngung 1 : 6.

Im Verhältnis zur Kurbel ist die Verjüngung 1 : 3.

Es genügte der Inhalt einer Blockhöhe von 1000 mm. Da aber der Lunkerteil des Blockes mit 40 v. H. dazukommt, so wird ein Block von 1400 mm im Gewicht von etwa 6500 kg verwendet.

Dieser Block wird erst in ein Achtkant von 650 mm (diag.) geformt (Abb. 171), der Achtkantblock in einen rechteckigen Querschnitt von 600 × 300 mm und dann erst mit dem eigentlichen Absetzen der Kurbeln begonnen. Bei 2000 kg Abfall, der vom Stahlwerk in die Schmiede befördert, zum Achtkant durchgeschmiedet, angewärmt und zum Stahlwerk als Schrott zurückbefördert werden muß, ist die Schmiedearbeit:

$$U = \underbrace{\underset{\text{Achtkant}}{V \cdot S} + \underset{\text{Vierkant}}{V_1 \cdot S_1}}_{5600\text{ kg}} + \underbrace{\underset{\text{Kurbeln und Schäfte.}}{\sum v \cdot s}}_{4500\text{ kg}}$$

[1]) Übrigens hat sich später herausgestellt, daß er auch nicht in Amerika war.

Genügt aber die Verjüngungsarbeit 1 : 3, so kann man einen Achtkantblock beziehen, womöglich mit abgeschnittenem Lunkerende, um Kohle in der Schmiede zu sparen. Dann ist die Schmiedearbeit (Abb. 172):

$$U = \underbrace{\underset{\text{Vierkant}}{V_1 \cdot S_1} + \underset{\text{Kurbeln.}}{\sum v \cdot s}}_{4500\ \text{kg}}$$

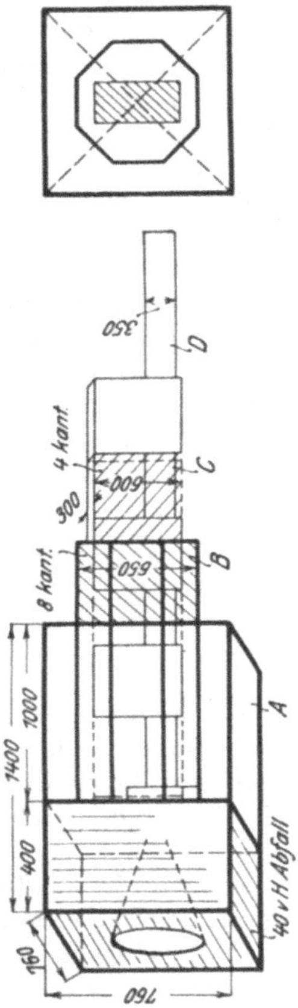

Abb. 173.

Da aber bekanntlich beim Schmieden der Rohstoff lange nicht so gleichmäßig durchgearbeitet wird wie im Walzwerk, und auf die gleichmäßige Durcharbeitung kommt es bei den Kurbelwellen für Schiffsmaschinen bei weitem mehr an als auf etwas mehr Verjüngung in der Schmiede, so sollte man doch am besten ohne jede Furcht die größeren Walzwerke veranlassen, passenden Rohstoff für die Schmiede vorzublocken, z. B. für diesen Fall auf 600 × 300, meinetwegen aus dem Block 760 × 760 oder noch schwererem (Abb. 173).

Dann wird die teure Schmiedearbeit vermindert auf $U = \sum v \cdot s$ als reine Formungsarbeit. Aber was hängt noch alles drum und dran! Um den Block warm zu machen, wird er gewöhnlich in den kalten Ofen geschoben oder doch in den abgekühlten, da das letzte große Schmiedestück mit ihm zusammen abkühlen mußte.

Für den 6,5-t-Block werden, wenn der Ofen Regenerativfeuerung hat, mit Anfeuerung 800 kg Kohle, wenn er Rekuperativfeuerung hat, 1500 kg Kohle gerechnet (direkte Feuerung auf Planrost kommt ja wohl für solch große Öfen in Deutschland nicht mehr vor). Wenn der Schmied mit 15 ÷ 18 Hitzen fertig wird, hat er gut geschmiedet, rechnen wir ohne die erste Hitze 15.

Dann braucht er 5 Hitzen für $V \cdot S$,
5 Hitzen für $V_1 \cdot S_1$,
5 Hitzen für $\sum v \cdot s$.

Das ist nicht ganz richtig, aber für das Beispiel genügt es.

Für die ersten 5 Hitzen bei 6500 kg Werkstückgewicht braucht er je 400 kg im Regenerativ- und 650 kg im Rekuperativofen. Für die zweiten 5 Hitzen ebenfalls bei 6500 kg Werkstückgewicht je 300 kg im Regenerativ- und 450 kg im Rekuperativofen. Für die dritten 5 Hitzen bei 4500 kg Werkstückgewicht je 150 kg im Regenerativ- und 480 kg im Rekuperativofen.

Zusammen also:

		Regenerativofen	Rekuperativofen
	Anheizen	800 kg Kohle	1500 kg Kohle
5 Hitzen	$V \cdot s$	2000 „ „	3250 „ „
5 „	$V_1 \cdot S_1$	1500 „ „	2250 „ „
5 „	$\sum \cdot v \cdot S$	750 „ „	900 „ „
		5050 kg Kohle	7900 kg Kohle
	mit Anheizen	78 v. H.	120 v. H.

Für den vorgewalzten Block von 600 + 300 + 3000 werden sicherlich nur 6—7 Hitzen für $\sum v \cdot s$ gebraucht, und zwar

	Regenerativofen	Rekuperativofen
zum Anheizen	600 kg Kohle	800 kg Kohle
6 Hitzen für $\sum v \cdot s$ je 150	750 „ „	900 „ „
	1350 kg Kohle	1700 kg Kohle
Also ungefähr nur	20 v. H.	26 v. H.

Nun wird man sagen: Dafür wird der Rohstoff vom Walzwerk teurer bezogen, denn das Walzwerk muß im zweiten Falle die Unkosten von der Schmiede decken. Das ist nur scheinbar wahr. Denn vor allen Dingen sind die Walzwerke feuertechnisch seit langem viel besser eingerichtet als die Schmieden und können ihre Öfen bei weitem besser ausnützen. Es ist nichts Ungewöhnliches, daß Blocköfen 8 ÷ 10 v. H. Kohle des Einsatzgewichtes verbrauchen (man spricht sogar von 5 v. H.). Etwas Ähnliches kann man nur in der Gesenkschmiede bei Massenfertigung schwerer Gesenkstücke, niemals aber in der Freiformschmiede erreichen. Dann hat jedes Walzwerk einen bedeutend höheren Wirkungsgrad gegenüber der hydraulischen Presse, gar nicht einmal vom Dampfhammer zu reden. Man wird ja wohl heute schwerlich in irgendeiner deutschen Schmiede einen Block von 760 × 760 unter einen 20-t-Dampfhammer bringen, es sei denn aus Not. Der Wirkungsgrad ist hier angenommen im Sinne

$$\eta = \frac{\sum V \cdot S \text{ in dcm}^3/\text{m}}{\sum P \cdot s \text{ in m/kg}},$$

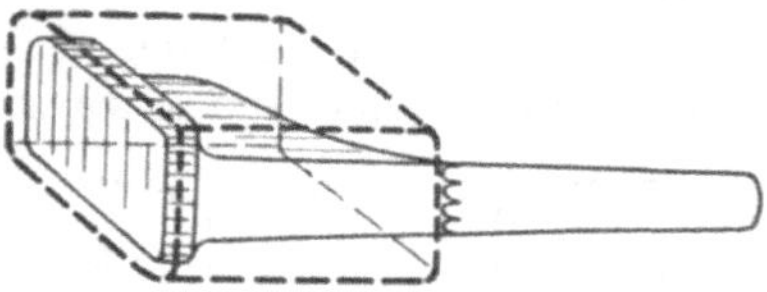
Abb. 174.

so daß der gewalzte Knüppel 600 × 300 × 3000 unter den heutigen Verhältnissen wohl nicht teurer zu stehen kommt als 2500 M.[1]) für die Tonne, während der geschmiedete sicher das Doppelte kostet bei genau denselben Festigkeitsverhältnissen.

Wenn Walzwerke und Schmieden Hand in Hand arbeiten würden, wäre es nur zum Vorteil der Schmiede und sicher nicht zum Nachteil des Walzwerkes. Aber die grundfalsche Ansicht, daß nur das viele Herumhämmern auf dem Rohstoff diesen besser machen soll, verhindert uns daran. Dann könnte man auch den Ruderschaft vorteilhafter für die Schmiede gestalten als in Abb. 185, indem man das Walzwerk zum Vorblocken benutzt.

Denn vielmehr als das Kristallgerippe des gegossenen Blockes aufzubrechen, kann die Schmiede auch nicht tun, aber viel besser wird dies vom Walzwerk besorgt. Meines Erachtens wird man Turbinentrommeln sehr bald walzen, anstatt den gegossenen Ring auf der Presse durchzukneten.

Die Schmiedemaschinen sollten nur auf die reine Formgebungsart verwendet werden, dann werden die Gestehungskosten auch in der Schmiede sinken, denn heute hat jeder Kaufmann schon Furcht vor der Kalkulation, wenn er nur vom Schmieden hört. Viele Schmieden leiden unter der erzwungenen Sparsamkeit, viele unter der falschen. Für ganz schwere Schmiedestücke ist es ausgeschlossen, einen Ofen wirtschaftlich zu betreiben.

Setzen wir den Fall, die 5000-t-Presse hat nur einen Ofen mit ausziehbarem Herd, wie es gewöhnlich der Fall ist.

Das wirtschaftlichste Feuerungssystem ist die Regenerativ-Gasfeuerung. Ihre Wirtschaftlichkeit tritt aber erst in Erscheinung bei andauerndem Betrieb. Dasselbe gilt von dem Rekuperativsystem, obgleich es an und für sich einen geringeren Wirkungsgrad ergibt. Ist das in der Schmiede möglich? Die Wirtschaftlichkeit eines Ofens hängt davon ab, daß seine Herdtemperatur möglichst

[1]) 1921.

hoch, also in der Schmiede 1300° C÷1400° C, und die Temperatur der Abhitze möglichst tief, also 300÷280° C ist. Das Wärmequantum zwischen dem Temperaturgefälle soll vom zu verarbeitenden Rohstoff aufgenommen werden, wobei ein Teil zur Vorwärmung von Luft und Gas oder von beiden gleichzeitig zirkuliert[1]). Dieser Zustand tritt erst ein, sobald der Ofenherd obige Temperatur hat und der Herd genügend beschickt ist.

Ein legierter Stahlblock muß aber vorgewärmt werden, da er in kaltem Zustande, in hohe Temperatur gebracht, leicht zu Rissen neigt. Wo kann man aber 10000 kg Stahl, ja 100000 kg Blöcke in der Schmiede anders vorwärmen als im „großen Ofen". Dazu muß der Ofen kalt sein unter 350° C. Man schiebt den Block also immer in den kalten Ofen. Hat der Block schließlich seine Temperatur erreicht mit viel Kohlenaufwand, dann wandert er unter die Presse, wobei der heiße herausfahrbare Herd ebenfalls kalt wird. Während des Schmiedens kann man den Ofen aber nicht ganz einstellen, „er läuft leer". Für den schweren 100-t-Block war der Ofen gerade ausreichend, ist der Abfall aber abgetrennt, so bleiben nur noch 60÷55000 kg übrig, für die der Ofenherd reichlich groß bemessen ist.

Dazu kommt, daß der Querschnitt des Werkstückes immer kleiner wird, damit nimmt zwar die Gasgeschwindigkeit auf dem Herd ab, jedoch scheint mir der Wärmeinhalt in den Teilen *w* weniger ausgenutzt, woraus denn auch die wachsende Temperatur der Abhitze erklärlich wird (Abb. 175—176).

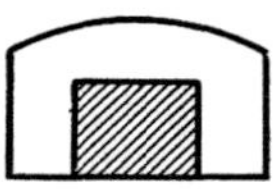

Abb. 175.

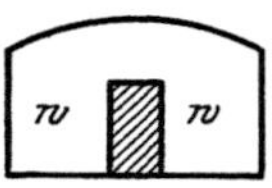

Abb. 176.

Ist das Schmiedestück fertig, so wandert es rotwarm wieder in den Ofen, um einem Glühprozeß unterworfen zu werden und langsam mit dem Ofen abzukühlen. Die ganze Anheizwärme geht also verloren.

Die Vorteile, die das Regenerativgassystem bietet, das den Walzwerken ihre hohe Wirtschaftlichkeit gibt, stellt sich also für den Schmiedebetrieb als bedeutend weniger vorteilhaft dar. Es ist hier nur von der Freiformschmiede für schwere Schmiedeteile die Rede.

In einem Betriebe wurden die Öfen durch direkt angebaute Generatoren (also ohne Regeneration und Rekuperation) als einfache Flammöfen beheizt. Die gesamte Abhitze dieser Schweißöfen wurde zur Dampferzeugung in einer Kesselbatterie verwendet, die den gesamten Dampf für den Betrieb liefert. Die Anlage arbeitet mit sehr hohem Wirkungsgrad.

Um diesen Wirkungsgrad zu erreichen, sind aber folgende Bedingungen nötig. Die Gesamtabhitze muß ungefähr dem Gesamtverbrauch des Betriebes entsprechen, damit nicht in einem Falle Reservekessel für den Ausgleich besonders befeuert werden müssen, andererseits keine Überproduktion an Dampf entsteht.

Sollen diese Verhältnisse auf die Schmiede übertragen werden, so ergibt sich von selbst für jedes Presse- oder Hammeraggregat ein zweiter Ofen, der, während der Abkühlung des ersten mit dem fertigen Schmiedestück, bereits im Betriebe ist und mit dem neuen Block beschickt. Derartige Verhältnisse verlangen aber einen großen Auftragsbestand an annähernd gleich großen Schmiedestücken. Über einen solchen Auftragsbestand kann aber nur ein großer Konzern verfügen, welcher die Aufträge sinngemäß auf die hierfür besonders einzurichtenden Werke verteilt. Eine einzelne Gesellschaft wird sich aber schwerlich zu solchen Kapital-

[1]) Der Rest wird vom Ofenmauerwerk teils festgehalten, teils ausgestrahlt, und der festgehaltene Teil ist so oft verloren, wie der Betrieb unterbrochen wird.

anlagen verstehen, aus Furcht, dieselbe aus Mangel an Aufträgen nicht ausnutzen zu können. Eine Maschinenfabrik mit streng begrenztem Programm kann sich leichter eine wirtschaftlich hochstehende Schmiede einrichten.

Die oben gekennzeichneten Übelstände wollen die Amerikaner mit einem neuen Ofensystem, wenigstens teilweise, unterbinden (Abb. 177).

Um den Wärmeverlust, der durch das Ausfahren des heißen Herdes, also dessen Abkühlung, entsteht, zu vermeiden, ist der Ofen mit festem Herd gebaut, aber in der Höhe der Schmiedesohle. Das Schmiedestück wird auf Kugeln, die in geeigneten Bahnen gebettet sind, durch elektrische Kettenzüge ein- und ausgezogen. Der Ofen hat 12 m Herdlänge und kann durch Zwischenwände entsprechend der Blocklänge und dem Verjüngungsprozeß des Schmiedestückes verlängert oder verkürzt werden. Die Beheizung geschieht durch Teeröl bei *FF*, aber bei *ff* sind ebenfalls noch Zusatzdüsen vorgesehen nach dem Grundsatz: ist das Ende des Ofens warm, so ist der ganze Ofen warm. Während des Schmiedens wird die Feuerung abgestellt. Die Abhitze wird im Winter in Kaloriferen zur Beheizung des Schmiederaumes verwendet (aber im Sommer ?). Die Idee ist nicht schlecht, leider hat man nichts über den Wirkungsgrad gehört, auch nicht, wie sich die Verschiebung auf den Kugeln gestaltet.

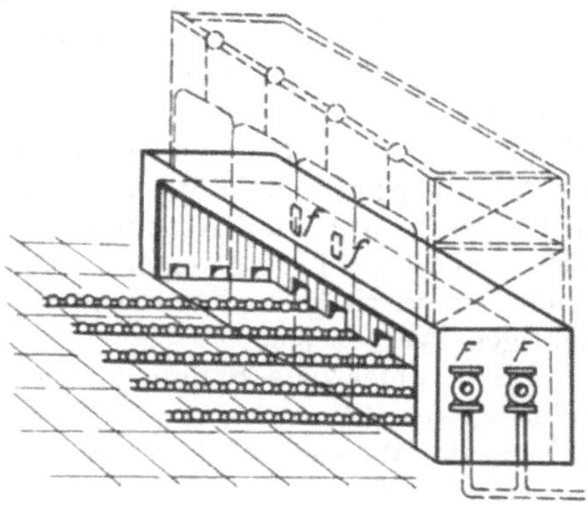

Abb. 177.

Während in der Gesenkschmiede das Verhältnis von Hammer zu Presse vollständig geklärt ist und man heute sehr gut weiß, welche Formen besser zu schlagen und welche besser zu drücken sind, ist die Ansicht in der Freiformschmiede noch nicht ganz geklärt.

Die Bequemlichkeit des Brückenhammers, der ein freieres Hantieren um den Amboß herum erlaubt, die Anwendungsmöglichkeit leichter und schwerer Setzschläge, die bei der endgültigen Formgebung und beim Glätten von großer Wichtigkeit sind, haben ihm vorläufig noch seinen Platz in der Freiformschmiede erhalten. Vor allen Dingen aber wohl die Bequemlichkeit der leichten Inbetriebsetzung durch ein Dampfrohr, ohne Akkumulatoren, Preßpumpen und Hochspannungsrohrleitungen mit einem ganzen Apparat von Ventilen, den die hydraulische Presse erfordert.

Mit dem geringen Wirkungsgrad eines Dampfhammers dagegen kann wohl schwerlich irgendeine andere Maschine wetteifern.

Der Zusammenhang von Ofenabhitze-Dampferzeugung und Hammerabdampf-Krafterzeugung legt die Ausnutzung des Ofendampfes und Hammerdampfes in Dampf- und Abdampfturbinen zum Betreiben der Preßpumpen für die hydraulischen Pressen, Kräne und Transmissionen so nahe, daß man sich wundert, weshalb dieser natürliche Kreislauf nicht schon lange Grundsatz zur Hebung der Wirtschaftlichkeit der Freiformschmiede geworden ist.

Nur einzelne hochstehende Unternehmungen, die die Hebung des Gesamtwirkungsgrades desselben mehr auf wissenschaftlich technischem, als auf rein industriellem Gebiet suchen, haben bereits ähnliche Kombinationen getroffen, ohne jedoch dies Prinzip bis zur äußersten Konsequenz durchzuführen.

Der im Entstehen begriffene Zusammenschluß großer Unternehmungen zu Riesenkonzernen und das erbarmungslose Niederlegen alter unwirtschaftlicher „Quetschen" (der sinnigsten Bezeichnung solcher Schmieden) wird wohl auch auf diesem Gebiete der Volkswirtschaft vorläufig noch großen Nutzen bringen.

Verlangt schon die Gesenkschmiederei eine weitgehende Unterteilung nach den Klassen der Werkstücke, um wirtschaftliche Fertigung zu betreiben, so verlangt es die Freiformschmiede um so mehr, wenigstens nach der Größe der Formteile. Danach müssen die Aufträge der gesamten Industrie von einer Stelle aus verteilt werden.

Heute will jede Schmiede womöglich alles machen, sind die schweren Maschinen nicht beschäftigt, sollen es wenigstens die kleinen sein, sagt man sich. Es können aber schwere Maschinen in der Schmiede nicht mit leichten wirtschaftlich zusammenarbeiten. Die Normung der verschiedenen Dampfmaschinen, Pumpen, Kompressoren usw. wird erst in den großen Konzernen die wahre wirtschaftliche Fertigung ins Leben rufen und damit auch die Neugestaltung der Wirtschaftlichkeit des Aschenbrödels Schmiede.

Mit großer Genugtuung muß man es bestätigen, daß viele unserer bedeutenden Firmen in ihren neueingerichteten Schmieden eine Ordnung und einen Glanz halten, die der Schmiede im allgemeinen fremd waren. Wenn trotzdem der Wirkungsgrad ihrer Wärmewirtschaft gering ist, so sind daran meist die anerzogenen Anschauungen unseres Industrielebens schuld, die in einem Volke viele kleine Industriefestungen bauen, die sich gegenseitig bekämpfen. Aber Not macht erfinderisch, und sie wird unsere beste Lehrmeisterin sein und uns die richtigen Wege zeigen.

Es sei hier eine Schmiede beschrieben, die 25 Jahre mit derselben Einrichtung arbeitet und gar nicht daran denkt, irgend etwas Neuzeitliches zur Hebung der Wirtschaftlichkeit einzuführen, denn das Erzeugnis dieser Schmiede hat in Händlerkreisen einen derartigen Ruf, daß seine Preise gern bezahlt werden.

Die 25 Kohlenfresser, welche als Erwärmungsvorrichtungen für den Rohstoff dienen, brauchen jeder 400 v. H. des Einsatzes an Kohle. Sie erzeugen eine Temperatur von kaum 900° C. Teilweise sind sie eingesunken, weil sie keine Fundierungen haben, und da die Rauchkanäle nicht mitgesunken sind, haben sie den Anschluß verloren. Der Rauch strömt (und zwar beständig) in die Schmiede und verzieht sich durch einige zerschlagene Fensterscheiben im Dach. Auf zehn Schritt Entfernung kann man bereits nichts erkennen. Die Dampfleitung liegt unisoliert 300 mm unter der Schmiedesohle in der blanken Erde. Da den Schmieden der Boden unter den Füßen heiß wird, so begießen sie ihn ab und zu mit Wasser, das sich in Dampf verwandelt, der den Staub mitreißt und das Chaos vergrößert. In dieser Unterwelt bewegen sich zehn Dampfhämmer, eine Menge Federhämmer (wie in einem Museum); Schwanzhämmer und Pressen und 100 Schmiede in jeder Schicht. Dazwischen hindurch schimmern offene Feuer. Modern ist nur die elektrische Beleuchtung, aber die ist gerade überflüssig, da sie nicht durchdringen kann. Ich kam gerade dazu, als einem Schmied die Packung aus dem Hammer mitsamt der Stopfbüchse herausgeflogen war, weil die Schrauben kein Gewinde mehr hatten. Diese Hämmer sind von einer Konstruktion, die ich hier zum erstenmal in Europa sah. Die Zylinder sind mit dem Ständer aus einem Stück gegossen. Dampfhammer und Dampfmaschine sind ja nicht tot zu machen. Der arme Schmied war wie ein Pudel mit Öl und Wasser begossen, warf das dicke Packungsende gegen den Zylinder und schimpfte über die Faulheit der Heizer: „Keinen Dampf geben sie in die Schmiede, bloß wormes Wosser", während hinter ihm seine Kollegen wacker die in die Erde gebettete Dampfleitung mit kaltem Wasser begossen um sich Kühlung von unten zu verschaffen. Die zehn Dampfhämmer fressen den 8 Atm.-Dampf von 400 m^2 Heizfläche, der in zwei Tischbeinkesseln erzeugt wird, die ihrerseits, weil sie zu kleinen Schornstein haben, in der 8stündigen Schicht 20000 kg Grießkohle (Lösche) fressen. Die Hämmer haben 200- und 250-mm-Kolben und spielen unausgesetzt im Kompressionshub, wenn sie nicht schlagen, damit sie des Wassers Herr werden; der Abdampf strömt natürlich frei über Dach und hüllt die Schmiede in eine Wolke, während die Kessel mit eiskaltem Wasser gespeist werden. Aber sieht man sich das Erzeugnis an, wenn es blank poliert und hübsch gestempelt ist, man würde es nicht glauben, in welcher Hölle es geboren ist.

Die Kaufleute, welche selbst das Unternehmen leiten, fürchten nämlich, daß bei irgendwelcher Veränderung in der Einrichtung die Ware leiden könnte. Als sie mich um Rat fragten, was zu machen sei, habe ich ihnen geraten: Mit Petroleum begießen und anzünden, nur so, daß es niemand sieht.

Den guten Rat kann man vielen Schmieden geben.

2. $A_s = V_x \cdot \sigma_{tm}$ und Nutzeffekt von Presse und Hammer[1]).

Die Schmiede und die Gießerei bilden den Knotenpunkt zwischen der hüttentechnischen und der maschinentechnischen Wissenschaft. Als man aber bei der Schematisierung die Technologie der Metalle in diese und jene trennen wollte, scheint der Schnitt unglücklicherweise gerade auf diesen Knotenpunkt geraten zu sein. Die Gießerei ist noch verhältnismäßig glimpflich dabei weggekommen, indem man wenigstens ihren Schmelzprozeß auf hüttentechnischer Seite behandelte und nur die Formerei dem Maschinenbau zuschob, der sich mit Sand und Lehm nur widerstrebend befaßte. Die Schmiede wurde aber von beiden Teilen verleugnet bis auf den heutigen Tag. Die Hüttenleute wollten mit der Formgebung nichts zu tun haben, und dem Maschinenbau war das „métier" nicht sauber genug. So ist es denn gekommen, daß sie alle beide nichts davon verstehen und die Schmiedetechnik immer noch von dem Nimbus der Kunst umgeben ist. Aber um die Kunst herum ist stets solche Atmosphäre, die den eigentlichen Kern der Sache verhüllt und das Ding nicht vorwärtskommen läßt, weil es nicht Allgemeingut werden kann. Verfasser hat sich andernorts sehr eingehend über Sinn und Zweck des Schmiedens ausgelassen[2]) und im Anfang dieses Aufsatzes der Mängel Erwähnung getan, die uns verhindern, die straffe Wirtschaftsordnung auch auf die Schmiede auszudehnen. Da aber das Kritisieren immer noch leichter ist als das Bessermachen, so will ich, damit mir niemand diesen Vorwurf machen kann, wenigstens eine schwache Anregung geben, wie man das Ding anfassen könnte, um es auf die Beine zu bringen. Nachher läuft es selbst!

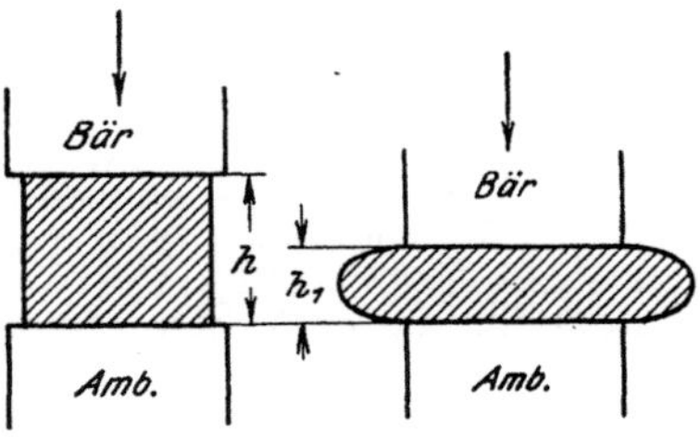

Abb. 178.

Wenn man ein Stück angewärmten Stahl von der Höhe h unter der Presse hat und darauf mit dem Druck P drückt, so nähert sich trotz des Stahl-

[1]) Aus Betrieb, 1921, Heft 3.
[2]) Schweißguth, Freiformschmiede I (Werkstatt-Bücher, Heft 11). Berlin: Julius Springer

stückes die Bärbahn der Amboßbahn, so daß dessen Höhe von h auf h_1 verringert wird.

Dabei ist das Volumen des Stahlstückes dasselbe geblieben, nur sind seine kleinsten Teilchen gegeneinander verschoben worden (Abb. 178).

Oberflächlich betrachtet, ist das gekreuzt gestrichelte Volumen, welches einen Metallring von der Höhe h_1 darstellt (Abb. 179) das verschobene Volumen V_1, welches genau gleich ist dem Volumen V_x von der Höhe h_x. Dies Volumen V_x ist gewöhnlich leichter zu ermitteln als V_1, denn wenn der anfängliche Querschnitt des Stahlstückes F war, so ist $V_x = F h_x$.

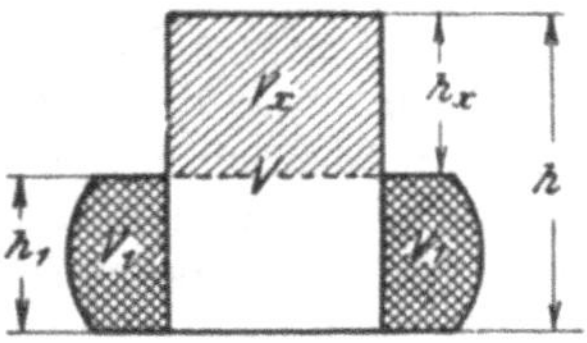

Abb. 179.

Durch die Bewegung des Pressebären wurden die Atome des Stoffes gezwungen, ihre Lage zu verändern, so z. B. wanderten die Atome (Abb. 180) m_1 bis m_7 in die Lagen m_1' bis m_7'. Aus dem Widerstande, den sie beim Durchlaufen des Weges zu überwinden hatten, setzt sich die Arbeit zusammen, die zur Umformung zu leisten war.

Die Umformungsarbeit A ist die Differenz der Leistungen der leerlaufenden und der belasteten Presse auf dem Wege h_x.

Wenn σ_t die Schubspannung des Stoffes in kg/cm² [1]) bei der Temperatur t, F der Querschnitt des zu quetschenden Stoffes in der Kraftrichtung in cm²,

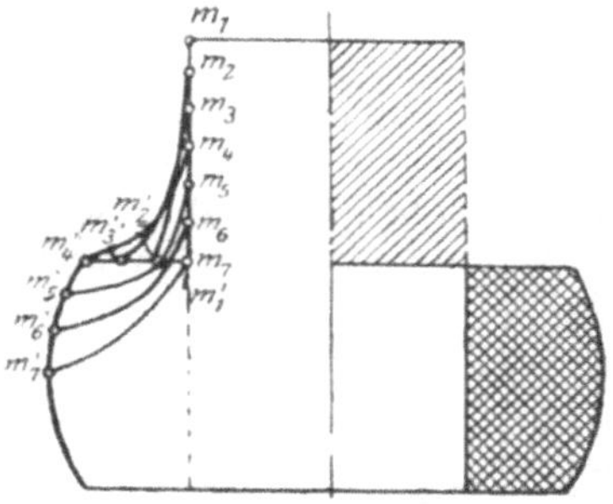
Abb. 180.

$$\varepsilon = \frac{h_x}{h}, \quad \frac{\varepsilon}{\sigma_t} = \frac{1}{E},$$

so ist

$$A = \frac{\sigma_t^2}{2E} \cdot F \cdot h \text{ in cm/kg } ^{2)}. \qquad (1)$$

Wenn wir jetzt eine Streckarbeit vornehmen, d. h. einen Block von $40 \times 40 \times 120$ cm auf den Querschnitt $30 \times 30 \times 210$ cm längen, so ist der Vorgang folgender:

Hat der Kern im Preßbär eine Breite $b = 12$ cm, so müßten wir $\frac{120}{12}$ Preßhübe ausführen für die erste Streckung. In der Formel (1) hätten wir also für

$$F = 40 \cdot 12$$
$$h_x = 40 - 30$$

und für die Gesamtarbeitsleistung:

$$A_1 = \frac{120}{12} \cdot A .$$

$\frac{120}{12}$ ist die Anzahl der Hübe der ersten Streckung und sei gleich n_1, dann ist

$$n_1 = \frac{L}{b} .$$

B ist die Breite des Blockes, h seine Höhe (Abb. 181), es ist also:

$$A_1 = \frac{L}{b}\left[\frac{\sigma_t^2}{2E} \cdot b B h\right]. \qquad (2)$$

[1]) Oder die sogenannte Quetschfestigkeit.

[2]) Die Formel ist den Mitarbeitern der betriebstechnischen Abteilung beim Reichskuratorium für Wirtschaftlichkeit in Industrie und Handwerk zur Diskussion übermittelt. Die Formel stammt aus der Hütte.

Der Block hat jetzt eine Länge durch das Strecken erhalten, die gleich L_1 sei, und ist auf $h_1 = 30$ cm zusammengedrückt. Wenn er noch heiß genug ist, wenden wir ihn um 90° und lassen ihn durch die Presse zurückgehen, indem wir soviel Preßhübe ausführen, wie b in seiner neuen Länge L_1 enthalten ist, also:

$$n_2 = \frac{L_1}{b},$$

dann erhalten wir ein Profil 30 × 30 cm (ohne Schlichtarbeit) und eine Länge von 210 cm mit einem Arbeitsaufwand von

$$A_2 = \frac{L_1}{b}\left(\frac{\sigma_{t_1}{}^2}{2E} \cdot b\,(h - h_x)\,h_2\right) \tag{3}$$

$$h - h_x = 40 - 10 = 30 \text{ cm} = h_1,$$

σ_{t_1} bedeutet die Schubspannung des Stahlbockes, der sich von der Temperatur $t = 1200^0$ C auf $t_1 = 950^0$ C bis zur Beendigung der Arbeit abkühlte. Hierfür kennen wir gute Werte. Wenn der Stahlblock in kaltem Zustande z. B. 36 bis 40 kg/mm² Festigkeit hatte, so wird σ bei 1200° 5÷6 kg/mm², bei 950° 8÷10 kg/mm². Wir können also in 2 und 3 für σ_t und σ_{t_1} eine mittlere Festigkeit von $\sigma_{tm} = \sim 800$ kg/cm² setzen. E ist ebenfalls bekannt. Wir setzen für den Ausdruck

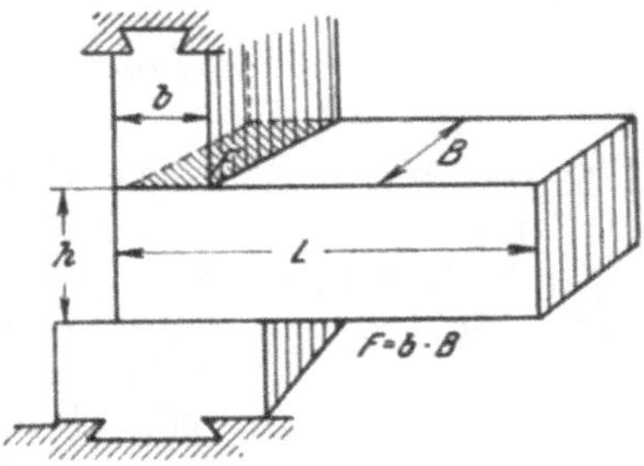

Abb. 181.

$$\frac{\sigma_{tm}{}^2}{2E} = C$$

und erhalten für die Gesamtarbeit:

$$A_s = A_1 + A_2$$

$$A_s = \frac{L}{b}\left(C \cdot b \cdot B \cdot h\right) + \frac{L_1}{b}\left(C b\,(h - h_x)\,h_2\right)$$

oder für $b \cdot B = F_1$ und $b\,(h - h_x) = F_2$, das sind die unter der Bärbahn gepreßten Flächen des Stoffes im ersten und zweiten Gang:

$$A_s = C F_1 h \cdot \frac{L}{b} + C F_2 h_2 \cdot \frac{L_1}{b} = C \cdot \left[\frac{F_1}{b} \cdot h L + \frac{F_2}{b} h_2 L_1\right].$$

$\frac{F_1}{b} \cdot h L$ ist das Volumen des Stoffes, ebenso $\frac{F_2}{b} \cdot h_2 L_1$, da es theoretisch beim Schmieden dasselbe bleibt, so kann man setzen:

$$A_s = 2\,C\,V. \tag{5}$$

C ist gleich

$$\frac{\sigma_{tm^2}}{2E} = \frac{\varepsilon}{\sigma_{tm}} \cdot \frac{\sigma_{tm^2}}{2} = \frac{h_x \sigma_{tm}}{2h}$$

also:

$$A_s = \frac{V}{h} \cdot h_x\,\sigma_{tm}. \tag{6}$$

$\frac{V}{h} \cdot h_x$ ist aber gleich V_x, d. h. gleich dem verschobenen Volumen, daher:

$$\boldsymbol{A_s = V_x\,\sigma_{tm}}. \tag{7}$$

Die Schmiedearbeit ist also gleich dem verschobenen Volumen multipliziert mit der Schubfestigkeit[1]) des Stahls. Setzen wir die Werte für den Stahlblock ein, der von 40 × 40 × 120 cm auf 30 × 30 × 210 cm gestreckt wurde in 2 Gängen, so erhalten wir für das verschobene Volumen nach Abb 182:

$$V_x = 30 \cdot 30\,(210 - 120)\ \text{ccm} = 81\,000\ \text{ccm}.$$

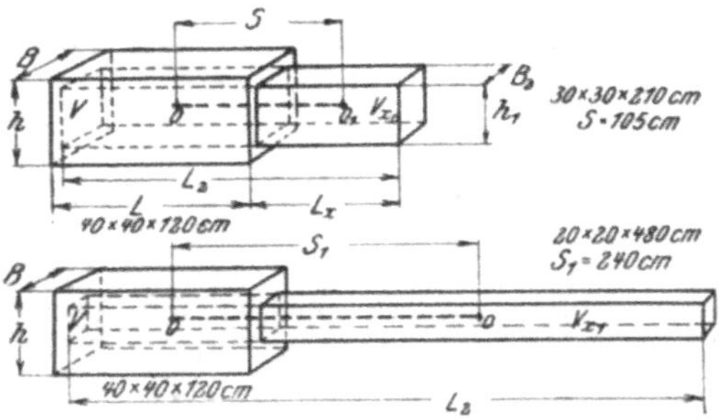

Abb. 182 u. 183.

$\sigma_{tm} = 800\,\text{kg/cm}^2$ bei einer Temperatur von $t_m = \dfrac{1200 + 950}{2} = 1075^\circ\,\text{C}$;

$$A_s = 81\,000 \cdot 800$$
$$= 64\,800\,000\ \text{cm/kg} = 648\,000\ \text{m/kg}.$$

A_s ist für den doppelten Gang gleich $P \cdot 2s$, $s = 0{,}4 - 0{,}3 = 0{,}1$ m.

$$P = \sum P_0$$

$$P_s = \frac{A_s}{2s} = 3\,240\,000\ \text{kg},$$

$$P_0 = \frac{L_x}{b} \cdot P = 432\,000\ \text{kg} = \sim 500\ \text{t},$$

d. h. eine Presse von 500 t würde für diese Arbeit ausreichen.

Theoretisch ist es kein Unterschied, ob die Endform in 2 oder 4 Gängen erzeugt wird, da h_x um so kleiner wird, je mehr Gänge. Praktisch ist der Unterschied aber ein gewaltiger wegen der doppelten Leerlaufarbeit der Presse, der niedrigeren Temperatur von t_m, der verdoppelten Transportarbeit und des Wärmeverlustes des Ofens.

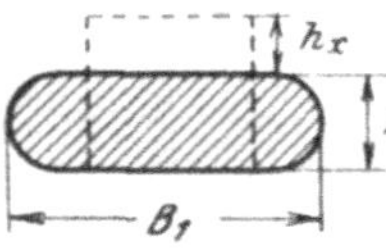

Abb. 184.

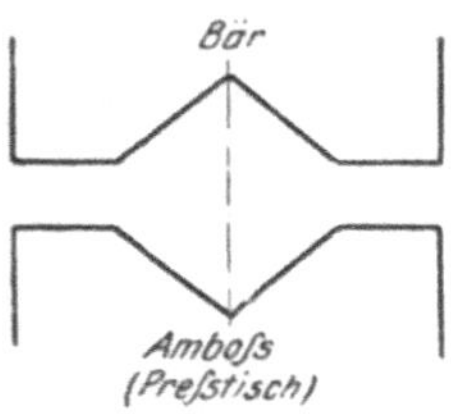

Abb. 185.

Der größte Wirkungsgrad wird erzielt, wenn die Presse dem Schmiedestück angepaßt ist. Da die Preßfläche $F_1 = b\,B$ ausschlaggebend ist, so sollte die Größenabstufung der Pressen sich nach den zu verarbeitenden Blockbreiten B richten. Nehmen wir die Durchknetungszahl zu 3 an, d. h. $\dfrac{Bh}{B_2 h_1} = 3$ bei dem angenommenen Block von 40 × 40 cm, so müßte dieser Voraussetzung ein Endquerschnitt von 25 × 25 cm der Endstreckung entsprechen, oder besser umgekehrt für einen gewünschten Endquerschnitt von 30 × 30 cm müßte ein Block von 520 × 520 cm gewählt werden. Dieser wird aber nicht in einer Hitze heruntergestreckt, weil man aus verschiedenen Gründen mit der ersten Pressung nicht weiter heruntergeht als bis zum Verhältnis $\dfrac{B_1}{h_1} = 2 \div 2{,}5$.

Ist der Pressebär breit genug, so gibt die Fläche F_1, die sich während der Pressung auf F_1' vergrößert, von Bb auf $B_1 b$ bei schwachen Pressen die Grenze für h_x, bei welcher die Presse stehenbleibt.

Diese verschiedenen Gesichtspunkte haben bekanntlich zum Pressen im Sattel geführt (Abb. 185), was man dem Walzwerk abgelauscht hat. Dabei bleibt die Formel für A_s theoretisch bestehen.

[1]) Oder Quetschfestigkeit des warmen Stahls.

Nun ist diese Formel (7) sehr handlich zur Berechnung des Wirkungsgrades der formenden Maschine und zur Größenbestimmung der Presse, nicht aber zur Errechnung der Akkordlöhne. Hierfür möchte ich den anfangs gemachten Vorschlag aufrechterhalten, den Weg der Schwerpunkte einzuführen (Abb. 182 u. 183).

$A_L = A_s S$ cmkg/m, oder wenn man auf die Festigkeitsverhältnisse des Schmiedestückes keine Rücksicht nehmen will, da diese ja beim Schmieden die Presse mehr angeht als den Schmied, so:

$$A_L = V_x S \text{ in ccm/cm.}$$

Die Arbeitszeiten während einer Hitze T_1, T_2,.... ergeben sich z. B. beim einfachen Strecken $\begin{cases} T_1 = n\,(t + v) \\ T_2 = n_1\,(t + v) \end{cases}$ usw., wobei n die Anzahl der Hübe, t die Hubdauer und v die Geschwindigkeit des Vorschubes bedeuten, für jede Hitze ist ein Zeitzuschlag für An- und Abtransport zu geben vom Ofen zum Amboß H, so daß man die Gesamtarbeit

$$A_L = V_x S = H\,(T_1 + T_2 + \ldots + T_n)$$

erhält, in welcher V_x ccm um S cm verschoben werden. Auf diese Weise ließen sich für sämtliche verschiedenen Schmiedeoperationen Lohntabellen ausarbeiten auf der Maßeinheit eines um einen Zentimeter verschobenen Kubikzentimeters Metall mit Heranziehung der Vorbilder aus anderen Werkstätten. Das verschobene Endvolumen zu finden, ist sehr leicht, denn es ist stets der Teil der Endform, welcher aus der Vorform herausragt, wenn man die Endform in die Vorform taucht. Fast alle Formen in der Freiformschmiede sind einfach und setzen sich aus Prismen, Zylindern, Pyramiden, Kugeln oder deren Teilen zusammen.

Es kann nicht der Zweck eines kurzen Aufsatzes sein, dieses System der Lohnberechnung vollkommen fertig zu gestalten, es sei den Betriebsleuten überlassen, diese Anregung zu verfolgen. Bei etwas gutem Willen der betreffenden Fachleute würde die Schmiede denn doch nicht so hilflos dastehen wie heute.

Wenn derselbe Block von 40 × 40 × 120 cm auf einem Dampfhammer verarbeitet werden soll, so wäre sein Bärgewicht folgendermaßen zu berechnen:

$$\frac{Mv^2}{2} = \frac{G}{g} \cdot \frac{V^2}{2} = P_0 s = 432000 \cdot 0.1 = 43200 \text{ mkg}.$$

Nehmen wir die Auftreffgeschwindigkeit v mit 5 m/s an bei 1,4 m Hub und Oberdampf, so ergibt sich:

$$G = \frac{2 \cdot 43200 \cdot 9{,}81}{25} = \sim 34000 \text{ kg}$$

Sollte die Auftreffgeschwindigkeit auch größer sein als 5 m (sie erleidet ja durch Kolben- und Bärreibung, aber hauptsächlich Stangenreibung in der Stopfbüchse eine starke Verzögerung), so würde man einen Block von 400 × 400 doch nicht unter einem so riesigen Hammer schmieden, sondern im Notfall mit geringerer Eindringtiefe vorliebnehmen und mehrere Schläge auf dieselbe Stelle geben. Also beispielsweise anstatt $s = 0{,}1$ m $s = 0{,}025$ m, dann erhält man:

$$G = \frac{2 \cdot 0{,}025 \cdot 432000 \cdot 9{,}81}{25} = 8476 \sim 10 \text{t}.$$

Mit diesem 10 t-Hammer müßten also viermal soviel Schläge gegeben werden wie bei der 500-t-Presse Hübe. Das bedeutet die doppelte Streckdauer bei zwei Schlag auf einen Preßhub und vier Füllungen für Ober- und Unterdampf. Bei einem Hammerstangendurchmesser d von 250 mm ergibt sich bei 10—12 at Betriebsdruck ein Kolbendurchmesser D von annähernd 500 mm. Wegen der Blockhöhe von 400 mm können nur 1000 mm vom Hammerhub ausgenutzt werden. Für jeden Hub auf und ab werden 400 l Dampf oder bei

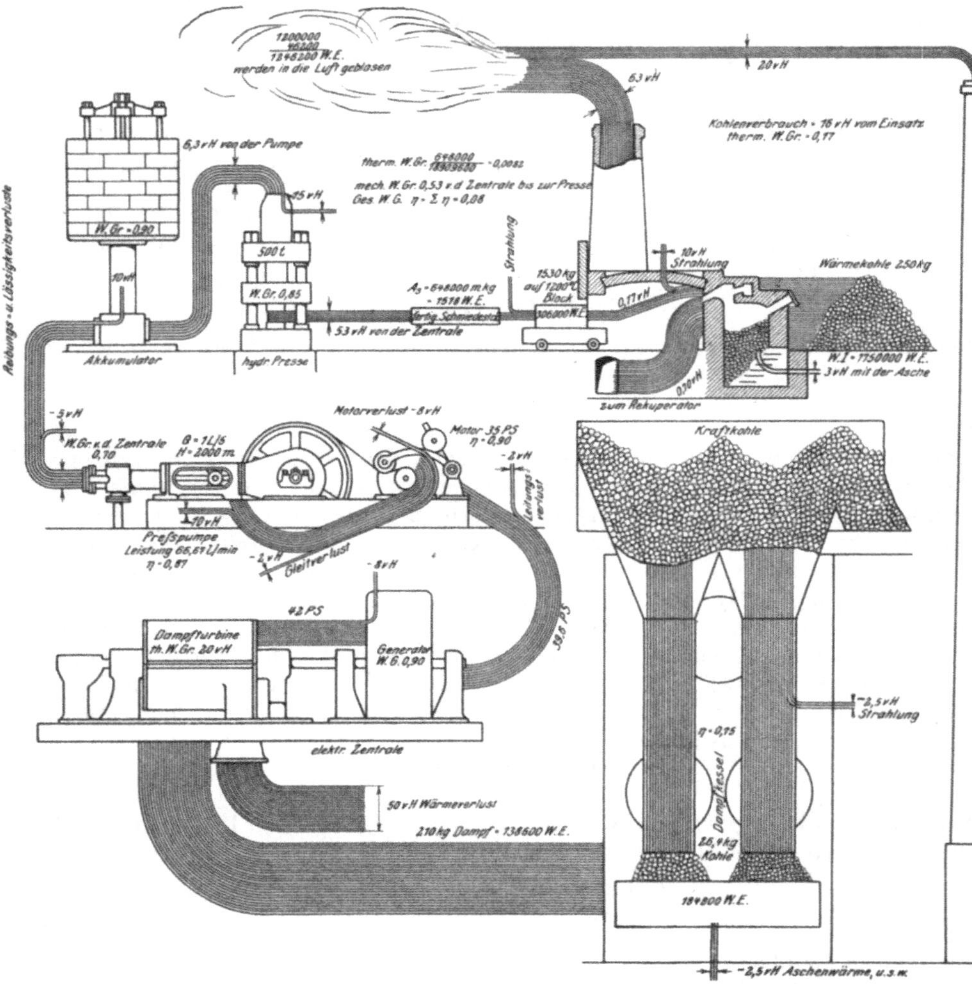

Abb. 186.

40 Schlägen der ersten Längung 16 m³ verbraucht, bei der zweiten ebensoviel, was rund mit Leitungs- und Lässigkeitsverlusten 40 m³ Dampfverbrauch von 12 at mit 300° C Überhitzung ausmacht. Das sind rund 210 kg zu 660 WE = 138600 WE.

A_z war gleich 648000 mkg, wovon 427 auf eine WE ein Äquivalent von 1518 WE ergeben; mithin ist der thermische Nutzeffekt des Dampfhammers:

$$\eta = \frac{\frac{A_z}{427}}{138600}\ 0{,}008.$$

Für dasselbe Beispiel braucht die hydraulische Presse von 500 t und $p = 200$ kg Betriebsdruck einen Kolben vom Durchmesser:

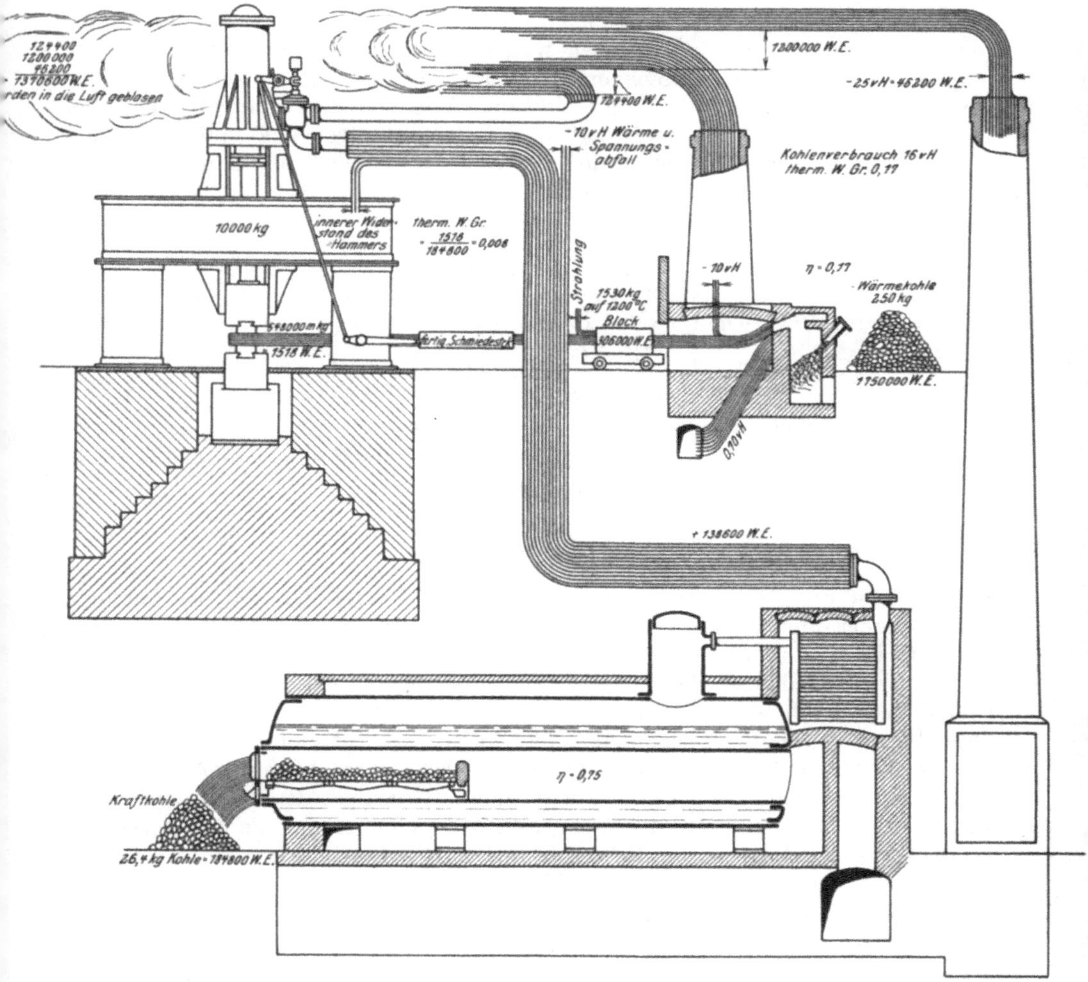

Abb. 187.

$$D_p = \sqrt{\frac{432000 \cdot 1{,}1 \cdot 4}{200\pi}} = 550\,\text{mm},$$

das ergibt für 300 mm Hub 72 l Druckwasser für den Hub und 100 l für Ab- und Aufhub. Für 20 Hübe der ganzen Streckung 2000 l Druckwasser von 200 at oder bei einem mechanischen Wirkungsgrad von Presse, Pumpe und Akkumulator von 0,7:

$$\frac{2000 \cdot 2000}{0{,}7} = 5\,700\,000 \text{ mkg},$$

wovon 648000 mkg nutzbar gemacht werden, das entspricht einem Wirkungsgrad:

$$\eta_p = \frac{648\,000}{5\,700\,000} = 0{,}1137,$$

aber nur zwischen der Kraftstation und der Presse. Wenn wir aber die Presse mit dem Dampfhammer vergleichen wollen, so müssen wir ebenfalls alle Verluste von der Kohle ab einrechnen. Überall sollen günstigste Verhältnisse angenommen werden. Die Dampfturbine in der elektrischen Zentrale soll einen thermischen Nutzeffekt von 0,20 haben, der Generator von 0,90 und die Kesselanlage von 0,75. Bei einer Schmiededauer von $t_s = 30$ min muß dann die Dampfturbine in der Zentrale abgeben für die Preßpumpe;

$$\frac{5\,700\,000}{75} \cdot \frac{3600}{2} = 42 \text{ PS}.$$

Rechnen wir den Dampfverbrauch der Turbine zu 5 kg für die PS/h, so erhalten wir 210 kg Dampf oder Kohle von 7000 WE.

$$\frac{210 \cdot 660}{7000 \cdot 0{,}75} = 26{,}4 \text{ kg}.$$

Diese Kohlenmenge entspricht einem Energiequantum von

$$E = 26{,}4 \cdot 7000 \cdot 427 \text{ mkg} = 78\,909\,600 \text{ mkg},$$

somit ist der thermische Nutzeffekt der Presse:

$$\eta = \frac{A_s}{E} = 0{,}0082.$$

Die Abb. 186 und 187 geben ein anschauliches Bild der Kraft und Wärmebilanz von Hammer und Presse, die mit demselben Quantum Kesselkohle aus dem gleichen Block dasselbe Schmiedestück formen, welches beide in einer Temperatur von annähernd 1200° C erhalten. Beide verschwenden dasselbe Quantum Wärme, doch zeigen die Schaubilder auf den ersten Blick, daß der Hammer diese Verschwendung mit unglaublicher Einfachheit betreibt. Der Grund des geringen Nutzens bei der Presse liegt in der Kraftstation, also im Dampf, ebenso wie beim Hammer, und deshalb wirft dieser Grenzfall, der für Hammer und Presse zum Vergleich gewählt ist, so grelle Schlaglichter auf die ganze Dampf-Kraft-Transformation in der Schmiede. Für die Presse würde eine Zentrale mit Dieselmotorbetrieb um 100 v. H. größeren Wirkungsgrad ergeben, dem Dampfhammer hilft aber kein Dieselmotor.

Der Grenzfall besteht darin, daß die Pressen erst über 500 t anfangen wirtschaftlicher und die Dampfhämmer über 10000 kg noch unwirtschaftlicher zu arbeiten.

Die dampfhydraulische Presse ähnelt in ihrem Betriebe dem Dampfhammer, in ihrer Wirkung der reinhydraulischen Presse. Abb. 188 dürfte ungefähr den Aufbau der Presse veranschaulichen mit aufgetürmtem Treib- und Rückzugszylinder, eine Konstruktion, die der großen Höhe wegen wohl selten zur Ausführung kommt. Gewöhnlich befinden sich zwei kleine Rückzugzylinder in Höhe des hydraulischen Zylinders, oder der Treibapparat wird besonders aufgestellt.

Wenn wir den Durchmesser des Dampfkolbens mit D, seine Fläche mit F, den Dampfdruck mit p, den Durchmesser der Kolbenstange mit d, ihren Querschnitt mit f, den hydraulischen Kolbendurchmesser mit D_h, seine Fläche mit F_h und den hydraulischen Druck, der durch das Eintauchen der Dampfkolbenstange bewirkt wird, mit p_h bezeichnen, so besteht die Gleichung:

$$F_h \cdot p_h = 500000 = Q,$$

wenn die Presse eine 500-t-Presse sein soll.

Für $p_h = \frac{F p}{f} = 500\ \mathrm{kg/cm^2}$ und $d = 12$ cm, einem mechanischen Wirkungsgrad $\eta = 0{,}85$ ergibt sich für $F_h = 1080$ oder $D_h = 37$ cm, bei $p = 12\ \mathrm{kg/cm^2}$ Dampfdruck für $F = 4710$ oder $D = 80$ cm.

Einem Hub von 10 cm $= h_x$ entspricht eine Eintauchtiefe der Kolbenstange von $H = \frac{h_x \cdot F_h}{f}$ $= 950$ mm, und dies ist der wunde Punkt der dampfhydraulischen Presse. Die berechnete Eintauchtiefe reicht nämlich nur aus, wenn die Flüssigkeit im hydraulischen Zylinder vollkommen unelastisch, also luftlos und die Lässigkeit gleich Null ist. Undichtigkeiten in den Stopfbüchsen verursachen größeren Dampfverbrauch und Verringerung des Hubes. Als Vorsichtsmaßregel ist der hydraulische Zylinder mit einem Flüssigkeitsreservoir umgeben, aus welchem mittels Druckluft durch ein Rückschlagventil der Flüssigkeitsverlust ergänzt wird. Nehmen wir den Hub des Dampfkolbens mit Rücksicht auf das eben Gesagte zu 1000 mm an, so ergibt sich für eine Dampffüllung der Pressung 503 l Dampf, d. h. für die am Block von 400×400 ausgeführte Streckung auf 300×300 mit 20 Pressungen 10 m², für den Rückzug die Hälfte, das ergibt für die angezogene Schmiedearbeit einen Gesamtdampfverbrauch von 15 m³ je 6 kg = 90 kg Dampf von 12 at und mit Lässigkeit rund 100 kg. Bei einem Wirkungsgrad des Dampfkessels von 0,75 und 7000 WE in 1 kg Kohle ergeben sich 89060 unter dem Kessel verbrannte WE. Somit ist der thermische Wirkungsgrad der dampfhydraulischen Presse bei einem Wärmeäquivalent für die geleistete Arbeit von 1518 WE, wie bei hydraulischer Presse und Hammer oben angenommen,

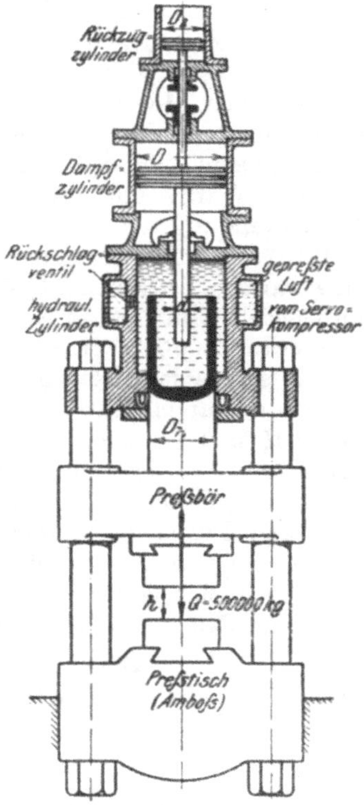

Abb. 188.

$$\eta = \frac{1518}{89060} = 0{,}017,$$

also um das Doppelte günstiger als derjenige von Hammer und Presse, vorausgesetzt derselbe Dampfdruck. Das Schauspiel würde ähnlich einfach ausfallen wie beim Dampfhammer. Bei richtiger Verwertung des Abdampfes bei Hammer und dampfhydraulischer Presse sind aus ihm 20 v. H. WE wenigstens nutzbar zu machen allein durch Vorwärmung des Speisewassers für die Kessel und 50 ÷ 60 v. H. durch Abdampfturbinen, bei 60000 WE (Abdampfwärmeeinheiten aus der dampfhydraulischen Presse) also $0{,}20 \cdot 60000 = 12000$, so daß bei Speisewasservorrichtung:

$$\eta = \frac{1518}{89060 - 12000} = \sim 0{,}02,$$

bei Abdampfturbinen:

$$\eta = \frac{1518}{89060 - 30000} = \sim 0{,}03.$$

Letztere sind nur bei sehr großen Schmieden mit ständigem Betriebe und gleichzeitiger Wärmeausnützung der Ofenabhitze zu verwenden, denn für dieses Beispiel gingen allein im Ofen 124000 WE durch die Ofenabhitze verloren. Die formenden Maschinen müßten also ihren ganzen Kraftbedarf aus der Ofenabhitze schöpfen können, wenn wir besser zu wirtschaften verständen als heute.

Wir haben hier nur von Kraft- und Wärmewirtschaft gesprochen; der Nutzen, den Hammer und Presse als formende Maschinen der Schmiede bieten, und der allein von dem Zweck der Formung abhängt, gehört in ein ganz anderes Gebiet. Hierüber hat Verfasser sich des breiteren a. O.[1]) ausgesprochen.

Der Wärmeofen, als Rekuperativofen gedacht, treibt seine erschreckende Verschwendung für sich. Die spezifische Wärme des Stahles bei 1200° ist $C = 0{,}167$, und die Wärmemenge, die dazu gehört, um 1 kg Stahl auf 1200° C zu erwärmen, ist gleich 200 WE. Um einen Block von $4 \cdot 4 \cdot 12$ dcm $= 192$ dcm im Gewicht von 1530 kg auf die Temperatur von 1200° zu bringen, braucht man theoretisch 306000 WE.

Unsere guten Regenerativöfen mit ausfahrbarem Herd brauchen ohne Anfeuern durchschnittlich 16 v. H. des Gewichtes des eingesetzten Stahles. Wir haben uns angewöhnt, den Kohlenverbrauch der Öfen nach dem herausgebrachten Stahlgewicht anzugeben, vermutlich weil wir uns selbst schämen, die geringen thermischen Nutzeffekte zu nennen, von denen einige erst nach mehreren Dezimalen greifbare Gestalt annehmen, wenn man die Anfeuerung hinzurechnet, so daß es schwierig ist, sie im Gedächtnis zu behalten.

Unser Ofen verbraucht also für den Block von $400 \times 400 \times 1200{:}\ 1530 \cdot 0{,}16 = 250$ kg Kohle von 7000 WE., das ergibt das erkleckliche Wärmequantum von

$$250 \cdot 7000 = 1750000 \text{ WE.}$$ **ohne Anfeuerung.**

Demnach errechnet sich für den Ofen ein thermischer Wirkungsgrad:

$$\eta_0 = \frac{306000}{1750000} = 0{,}17$$

(wenn aber an dieser Stelle ein gewöhnlicher Kohlenfresser stände, so wäre sein Wirkungsgrad:

$$\eta_0 = \frac{306\,000}{1530 \cdot 7000} = 0{,}028$$

ebenfalls **ohne** Anfeuerung).

Leider müssen wir betrübt hinter den auf ewig entschwindenden Kalorien herschauen, denn wir haben kein Mittel, sie festzuhalten, und unsere Erkenntnis schafft uns nichts als die Seelenqual, daß wir den schönen Wärmevorrat, den die Mutter Erde in Jahrmillionen für ihre undankbaren Kinder aufgehäuft hat, bewußt zum Fenster hinauswerfen und ihn den nachkommenden Geschlechtern rauben. Aber noch trüber werden die Gedanken des wahren Technikers, wenn er, wie in den vergangenen Jahren, mit ansehen muß, — für welchen wahnsinnigen Zweck diese Verschwendung betrieben wurde.

[1]) Schweißguth, Freiformschmiede I und II (Werkstatt-Bücher, Hefte 11 u. 12). Berlin: Julius Springer.

3. Die wirtschaftliche Schmiede[1]).

Zur Ausnutzung der Abwärme in der Schmiede stehen uns bei dem heutigen Stande der Technik nur zwei Wege offen. Die Dampferzeugung durch die Abhitze aus den Öfen und die Erzeugung von elektrischer Energie aus dem Abdampf durch die Dampfturbine. Jedoch sind die bei der Ausbeutung der Abwärme zu überwindenden Schwierigkeiten gerade in der Schmiede nicht gering. Unbedingt erforderlich ist ein Dauerbetrieb, damit nicht bei Stillsetzung der Anlage die Abkühlungs- und Anheizverluste den ganzen Vorteil der Abwärmewirtschaft verschlingen. Während in Hüttenwerken der Dauerbetrieb ein unbedingtes Erfordernis ist, hängt in Schmieden, wenn sie nicht mit Hütten- oder Walzwerken verbunden sind, der Dauerbetrieb von der Konjunktur ab, so daß gerade bei niedriger Konjunktur, während welcher die größte Sparsamkeit geboten ist, die Schmiede unwirtschaftlicher arbeiten muß. Die zweite Bedingung ist, aus der Abwärme einen Nutzen an gesparter Kohle herauszuwirtschaften, der die Anlagekosten der Abwärmewirtschaft deckt. Ein sehr kleines Kohlenflöz wird die Kosten zu seiner Ausbeutung nicht decken, man läßt es unberührt in der Erde liegen, bis eines Tages der Wert der Kohle doch vielleicht die Hebungskosten deckt und noch eine Summe guten Geldes für die Unternehmung übrigbleibt. Solcher Fälle haben wir im Kriege sehr viel gehabt, z. B. in Nordböhmen, wo auf einmal Kohlenflöze, bei denen im Frieden nichts herausschaute, riesige Gewinne abwarfen. Eine solche Zeit kommt vielleicht noch einmal für die Schmiede. Heute aber stellt jede Unternehmung, bevor sie sich entschließt, eine bestehende Anlage umzubauen oder Neueinrichtungen zu beschaffen, die außerhalb des Gebietes der metallbearbeitenden Maschinen stehen, eine genaue Rentabilitätsrechnung auf. Eine metallbearbeitende Maschine wird ohne großes Bedenken angeschafft, weil sie die gewinnbringende Produktion vergrößert. Eine Abwärmeverwertungsanlage vergrößert die Produktion nicht, sie soll aber die Gestehungskosten verringern und gleichzeitig die Anlagekosten verzinsen und amortisieren, denn eine Unternehmung ist nach unseren heutigen Begriffen in erster Reihe ein gelderwerbendes Institut, aus dem alles ausgeschaltet wird, was dieser Bedingung nicht entspricht. Vor dem Kriege war man zufrieden mit einer Amortisation des Kapitals in zehn Jahren (wenigstens offiziell). Ich zweifle aber daran, ob in unserer verworrenen Zeit, in welcher man kaum auf zehn Monate vorausdenken kann, diese Ansicht noch besteht. Alle diese Umstände vergrößern die Schwierigkeiten, die Schmiede auf ein wirtschaftliches Niveau zu bringen.

Nun ist es verhältnismäßig leicht, aus einer großen, möglichst verschwenderisch arbeitenden Schmiede durch Abwärmewirtschaft namhafte Ersparungen zu machen, wenn z. B. Öfen alten Systems die Kohle und Hämmer und dampfhydraulische Pressen mit niedriger Betriebsspannung den Dampf unsinnig verschwenden. In solchen Fällen soll aber zuerst der Schmiedefachmann ein Wort reden und dann erst der Wärmetechniker. In den weitaus meisten Fällen kann man durch Verbesserung der Ofenanlagen, der Hämmersteuerungen und Umbau des Dampfteiles der Pressen bedeutend größere Ersparnisse mit geringeren Kosten erzielen, als aus dem verschwendeten Wärmestrom noch etwas retten, denn dieser Wärmestrom wird ja durch die genannten Maßnahmen, wenn auch nicht zum Versiegen gebracht, so doch vermindert, daß

[1]) Aus Betrieb, 1921/22, Heft 6.

oft seine Ausnutzung kein bares Geld mehr einbringt wie ein zu tief liegendes kleines Kohlenflöz.

Hat man aber trotzdem aus der Summe der entfliehenden Wärmeeinheiten noch einen Gewinn herausgerechnet neben der Zurückgewinnung und Verzinsung der Anlagekosten, so treten neue Schwierigkeiten auf. Wie soll die Anlage sich aufbauen?

Bisher hat man gewöhnlich auf jeden größeren Ofen in der Schmiede einen Dampfkessel aufgebaut, der ausschließlich durch die Abhitze des Ofens beheizt wird. Dieser Gedanke ist ja der älteste, denn bereits in der Mitte des vorigen Jahrhunderts hat man die Abhitze von Schweiß- und Puddelöfen zur Dampferzeugung für die Dampfhämmer, damals mit gutem Erfolge, benutzt, weil die Verschwendung dieser Öfen beträchtlich war, da sie weder mit Kanal- noch Kammerlufterhitzern arbeiteten. Es stand also ein Temperaturgefälle von 1200° auf 400° zur Verfügung. Unsere neuzeitlichen guten Schmiedeöfen entlassen aber ihre Gase aus dem Rekuperator mit 5÷600°, die im neuzeitlichen Dampfkessel auf 300° Schornsteintemperatur fallen können.

Da bei einer Heizgastemperatur von 5÷600° C Dampfkessel von sehr großen Heizflächen erforderlich würden, hat man bei den Öfen mit aufgebautem Dampfkessel auf die Vorwärmung der Sekundärluft verzichtet und erhält so zwar die Abhitze des Herdes direkt unter die Kessel, vergißt aber dabei, daß die Temperatur auf dem Herd selbst niedrig bleibt. Sie erreicht ohne vorgewärmte Sekundärluft kaum 1200° C bei sehr hochwertiger Steinkohle. Von der Höhe der Temperatur auf dem Herde hängt aber der Wirkungsgrad des Ofens ab. Der Übergang der Wärme aus den heißen Verbrennungsgasen an das Schmiedegut steigt in der vierfachen Potenz zur Temperatur der Gase und findet vorzugsweise durch Strahlung statt. Je höher nun die Luft vorgewärmt wird, desto höher die Temperatur der Verbrennung. Man hat also damit eigentlich nicht viel gewonnen, wenn man die Luftvorwärmung zugunsten der Dampfentwicklung vernachlässigt. Es handelt sich darum, ein System zu schaffen, welches beide Vorteile in sich vereinigt. Ein direkt gefeuerter Ofen größerer Abmessung braucht 50 v. H. des einmalig erhitzten Einsatzes und erwärmt je Quadratmeter Heizfläche 100÷150 kg Stahl auf 1100° C in der Stunde. Dabei gibt er durch seine Abhitze für jedes Kilogramm verfeuerter Kohle noch 1÷1,5 kg Dampf. Ein guter Rekuperativschmiedeofen dagegen braucht nur 12,5 v. H. des Einsatzes an Kohle und gibt je Quadratmeter Herdfläche 200÷250 kg Stahl von derselben Temperatur, dabei können mit seinen Abgasen für das Kilogramm verfeuerter Kohle höchstens 0,5 kg Dampf erzeugt werden. Nehmen wir ein Beispiel: Ein Ofen von 2500 mm Herdlänge und 1000 mm Herdbreite, also 2,5 m² Herdfläche, erzeugt stündlich $2{,}5 \cdot 150 = 375$ kg Stahl von 1100° C und braucht $375 \cdot 0{,}5 = 187{,}5$ kg/Std. Kohle, dabei erzeugt er 280 kg Dampf von 665 WE.

Ein ebenso großer Rekuperativofen gibt in derselben Zeit $2{,}5 \cdot 250 = 625$ kg Stahl von 1100÷1200° C und braucht $625 \cdot 0{,}125 = 78$ kg Kohle, dafür gibt seine Abhitze nur 39 kg Dampf in der Stunde.

Wir dürfen nicht vergessen, daß die Hauptaufgabe des Ofens die Stahlerhitzung ist und können bei einem Vergleich zweier Öfen nur von der Menge auf dieselbe Temperatur erwärmten Stahles ausgehen. Führen wir deshalb die Zahlen des direkt gefeuerten Ofens auf die Leistung des Rekuperativofens zurück, so erhalten wir für 100 kg Einsatz auf 1100° C erwärmt:

	Kohle	Dampf	
Direkte Feuerung:	42,00 kg	62,72 kg	für je 100 kg Stahl auf 1100 C° erhitzt.
Rekuperativofen:	12,48 „	2,24 „	
	+ 29,52 kg	— 56,48 kg	

Gegenüber dem Rekuperativofen braucht der direkt gefeuerte Ofen also 29,52 kg Kohle je 6800 WE mehr = 190736 WE, erzeugt jedoch mehr an Dampf 56,48 kg von 665 WE = 37559 WE. Wir haben also bei der direkten Feuerung trotz der größeren Dampferzeugung 153177 WE verloren. Der Weg ist also nicht richtig.

Öfen von 1,5 ÷ 3 m² Heizfläche finden wir in den meisten Schmieden, die Maschinenteile von 30 ÷ 500 kg erzeugen. Nur in verhältnismäßig wenigen Schmieden werden Blöcke von 50000 ÷ 100000 kg verarbeitet. Solche große Öfen arbeiten aber gewöhnlich nur zeitweise, mit ihrer Abhitze zur Dampferzeugung ist also auch nur zeitweise zu rechnen. Wenn diese großen Öfen in Betrieb sind, wird auch mehr Kraft zur Verschmiedung der schweren Blöcke verbraucht. Die Dampfanlage muß also immerhin darauf eingerichtet sein, also genügend große Heizfläche haben. Ganz verfehlt wäre es aber, gerade bei diesen Öfen die Vorwärmung der Luft auf Kosten der Dampferzeugung zu vernachlässigen und Kessel über die Öfen zu bauen.

Durch den Aufbau der Dampfkessel auf die Öfen wird die Übersichtlichkeit in der Schmiede stark beeinträchtigt und Reparaturen an Öfen und Kesseln sehr erschwert, der Betrieb der Schmiede wird sehr verwickelt und verlangt große Aufmerksamkeit der Betriebsleitung.

Auf der anderen Seite wird zu wenig Rücksicht genommen auf den Betriebsdruck des Dampfes. Ganz abgesehen von der einfachen Tatsache, daß zur Erzeugung von 9atmosphärigem Dampf 665 WE und zur Erzeugung von 12atmosphärigem Dampf nur 668 WE nötig sind, werden zu derselben Krafterzeugung in Dampfpressen und Dampfhämmern kleinere Kolbenflächen und somit kleinere Dampfvolumina verbraucht. Neuzeitliche Hochdruckhämmer, wie z. B. Eulenberg, Moenting & Co. in Schlebusch-Manfort bauen, sind mit Expansionsventilsteuerung eingerichtet, so daß ihr Dampfverbrauch gegenüber den alten Niederdruckhämmern ganz bedeutend ist und in Raumteilen höchstens $^2/_3$ davon erreicht. Bei den meist langen Dampfleitungen in der Schmiede überhitzt man vorteilhaft den Dampf leicht. Hohe Überhitzungen machen bei Hämmern wegen der Schmierung fast stets Schwierigkeiten.

Der Vergleich der alten Schmiedemaschinen mit den alten Ofenkonstruktionen zeitigt hinsichtlich des Wärmeverbrauches dasselbe Resultat. Es ist leicht, aus viel hochgespanntem Abdampf viel Energie zurückzugewinnen, aber besser ist es, weniger Dampf zu verschwenden und die Energie mit Frischdampf zu erzeugen.

Ehe wir auf die verbundene Wärmewirtschaft zu sprechen kommen, wollen wir die Ausbeutung des Abdampfes betrachten.

Der Abdampf sämtlicher Hämmer und Pressen wird in einer gemeinsamen Abdampfleitung gesammelt und entweder über einen Wärmespeicher oder direkt zur Abdampfturbine geführt, in welchem Falle der oder die Wärmespeicher im Nebenschluß eingebaut sind, als Dampfausgleichsorgane. In dieser Anlage wird der Abdampf von 1,2 ÷ 1,1 Atm. absoluter Spannung bis zu 0,05 Atm. absoluter Spannung ausgenutzt. Meist aber sind die Steuerungen der Hämmer so schlecht, daß die Anfangsspannung bedeutend größer ist. Die angegebenen Abdampfspannungen treffen dagegen nur bei tadellos gehaltenen Expansionssteuerungen von Hochdruckhämmern zu.

Die A. E. G. macht nun mit vollem Recht den Vorschlag, keine reinen Abdampfturbinen zu verwenden, und gibt dafür folgende Gründe an. Bei der schwankenden Abdampfmenge in der Schmiede kann es vorkommen, daß der Abdampf für die benötigte Kraftleistung nicht ausreicht. In diesem Falle müßte Frischdampf reduziert und dem Abdampf zugesetzt werden. Dadurch entsteht ein Verlust von der Hälfte der im Frischdampf vorhandenen Energie, da der Energiegewinn aus dem Abdampf nur die Hälfte der Energiemenge beträgt, die man aus demselben Gewicht von Frischdampf erzielt. Bleibt aber der Abdampf ganz aus, so kommt die Abdampfturbine zum Stillstand. Eine Zweidruckturbine dagegen von der Größe, daß ihre Hochdruckstufe allein für den Kraftbedarf der Schmiede ausreicht, macht den Betrieb unabhängig von den Wärmeschwankungen in der Schmiede.

Ob Raumspeicher für den Abdampf nach System Rateau, wie sie in Deutschland von der Guten Hoffnungshütte und der Maschinenfabrik Balcke & Co. gebaut werden, oder Glockenspeicher System Balcke-Harlé zur Verwendung kommen, ist im Grunde genommen nebensächlich, beide Arten haben ihre Vor- und Nachteile, und ihr Einbau erfordert in Hinsicht auf die Entölung des Dampfes die Erfüllung gewisser Bedingungen. Man rechnet bei guten Anlagen durchschnittlich 14 ÷ 17 kg Abdampf für 1 kW/St.

Nach den bisherigen Erfahrungen in der Abdampfverwertung nimmt man an, daß eine solche Anlage erst vorteilhaft ist bei einer Abdampfmenge von 8000 ÷ 10000 kg in der Stunde nach Angaben der Firma Balcke & Co. Das sind aber gewaltige Schmieden, die einen derartigen Dampfverbrauch aufweisen, oder es wird in kleineren Schmieden mit Öfen, Hämmern und Pressen ein Unfug getrieben, wie in jener Schmiede, die im ersten Teil dieser Arbeit beschrieben wurde, und die bei 9 kleinen Dampfhämmern 4500 kg Dampf die Stunde verbraucht. Die Schmiede der rühmlichst bekannten Firma A. Borsig in Tegel bei Berlin braucht für 3 schwere dampfhydraulische Pressen und 27 verschiedene Dampfhämmer 6000 kg/St., und dieser Dampfverbrauch scheint noch sehr hoch zu sein und hängt vermutlich damit zusammen, daß Dampf von nur 9 Atm. Spannung zur Verwendung kommt. Hier arbeitet eine reine Abdampfturbine. Die Wärmebilanz dieser Schmiede soll weiter unten besprochen werden, da die Firma so liebenswürdig war, mir die Daten zur Verfügung zu stellen.

Die stündliche Dampfmenge von 8000 ÷ 10000 kg, welche eine Abwärmeverwertungsanlage erst rentabel machen soll, scheint den meisten Schmieden wenig Hoffnung zu lassen, bei dem heutigen Stande der Technik Kohlenersparnisse zu machen, durch welche nicht nur Anlagekapital und Zinsen gedeckt sind, sondern auch noch die Gestehungskosten vermindert werden, denn das letztere ist die Hauptbedingung dafür, daß jemand sich zu einer solchen Anlage entschließt. Bei wirtschaftlich arbeitenden Öfen und Hämmern (sowie Dampfpressen) reicht die Abwärmemenge der Öfen weder zur Dampferzeugung noch die Abdampfmenge zur Krafterzeugung aus. Durch diese Erkenntnis ist bereits der Weg gewiesen, wie eine Abwärmeverwertung beschaffen sein muß. Die gesamte Abwärme kann also nur ausgenutzt werden zur Unterstützung der Dampf- und Kraftanlagen, und zwar sind diese beiden Energiequellen nicht gesondert für direkt zugeführte Wärme und Abwärme zu beschaffen, sondern gemeinsam für beide. Daraus entsteht eine zusammenhängende Kesselbatterie und ein Zweidruckturbogenerator. Die Kesselbatterie wird mit Abhitze und direkt befeuert, die Zweidruckturbine mit Frisch- und Abdampf beschickt. Wir wollen jede dieser beiden Energiequellen besonders betrachten. Vorerst die Kesselanlage. Wir hängen in der Schmiede noch an gewissen Vorurteilen. Zum Beispiel glaubt man immer noch, die einfachen Flammrohrkessel benutzen zu müssen für Dampfhämmer, ihres Großdampfraumes wegen. Heute arbeiten viele Schmieden mit Wasserrohrkesseln und überhitztem Dampf und leiden ebensowenig durch die plötzliche Dampfentnahme, weil sie in ihren Dampfleitungen vor großen Hämmern und Pressen gut isolierte Dampfsammler einbauen oder Dampfsäcke, die wenigstens das 10fache Volumen der Dampfzylinder haben. Die Ofenfirmen behaupten alle, daß bei ihren Rekuperativöfen die Sekundärluft (Oberwind) auf 800° C erhitzt wird, während die Abgase mit nur 300÷350° C in den Fuchs entweichen. Bei sehr sorgfältig gebauten Öfen und hochwertiger Steinkohle kann man wohl bei einem neuen Ofen derartige Ergebnisse finden. Durchschnittlich aber zeigen die Temperaturen in der Luftdüse 500÷600° C, und im Fuchs 500÷700° C. Früher ließ man die Abgase mit 1000° C in den Fuchs, der diese Temperatur gut aushielt, wenn er aus gutem, feuerfestem Material gebaut war. Diese Bemerkungen sollen vorausgeschickt sein, damit ein Vorschlag, den ich hier machen will, nicht auf zu großen Widerstand stößt. Ich will nämlich die Rekuperatoren aus den Öfen in die Dampfkessel verlegen, und zwar Metallrekuperatoren, und dadurch die Vorwärmung des Oberwindes zentralisieren ohne Rücksicht auf die langen Leitungen, denn die Luftleitungen sollen in die Rauchkanäle verlegt werden (Abb. 189). Der Oberwind hat eine Spannung von 200÷250 mm WS., die jedes Schamotterohr aushält. Abb. 189 zeigt nur ein Beispiel, wie die erhitzte Luft ohne Wärmeverlust zu den Öfen geleitet werden kann, im Gegenteil noch Wärme aufnimmt, zumal die Anordnung im Gegenstrom arbeitet. Undichtwerden der Windrohre sind nicht in größerem Maße zu befürchten als im Ofenrekuperator selbst, da die Rauchkanäle von den Dampfhämmern weiter entfernt sind als die Öfen. Die Ofenkonstruktion wird aber bei Entfernung des Rekuperators sehr vereinfacht und die Kesseleinmauerung nicht viel verwickelter, da die Innenwände der Kesselmauerung, die ja bei Wasserrohrkesseln nicht von Kesselteilen belastet sind, genügend Raum geben für metallische Rekuperatoren, in denen die Gebläseluft zirkuliert. Die Abhitze der Öfen geht direkt vom Herd unter die Kessel und reicht nicht für die Dampfentwicklung aus. Nun ist es eine böse Sache, Dampfkessel zu gleicher Zeit mit Kohle und Abgasen zu heizen. Sie müssen mit Gas geheizt werden. Eine Gasgeneratoranlage arbeitet in Schmieden nur wirtschaftlich, wenn Steinkohle, Förderkohle, zur Verfügung steht und wenn der Lohn für das Kohle- und Ascheverfahren die Generatorverluste deckt. Ein guter Generator arbeitet mit einer Ausbeute von 78 v. H. Es gehen also 22 v. H. verloren. Wenn man aber bedenkt, daß in den kleinen Generatoren der sogenannten Halbgasfeuerungen dieselben Verluste vorhanden sind und daß die Ofenanlagen mit Gasfeuerungen bedeutend billiger werden, so ist in größeren Schmieden mit 20÷40 t Kohlenverbrauch am Tage namentlich bei Neuanlagen die Zentralisierung der Gaserzeugung angebracht.

Abb. 189.
Beispiel der Verlegung der Windleitung in den Abhitzekanal.

Die Kesselbatterie erhält also neben den Abhitzegasen direkte Feuerung mit frischem Gas, und zwar können beide Gasarten derartig unter den Kessel geführt werden, damit die Abgase die Stichflamme der direkten Verbrennung mildern, also große Heizflächen wählen. Die Konstruktion der Schmiedeöfen wird bei einer derartigen Anlage äußerst einfach und beschränkt sich eigentlich nur auf den Herd, dafür werden die Dampfkesseleinmauerungen etwas teurer, aber sicher nicht so teuer, wie 20—30 Rekuperatoren und Kleingeneratoren

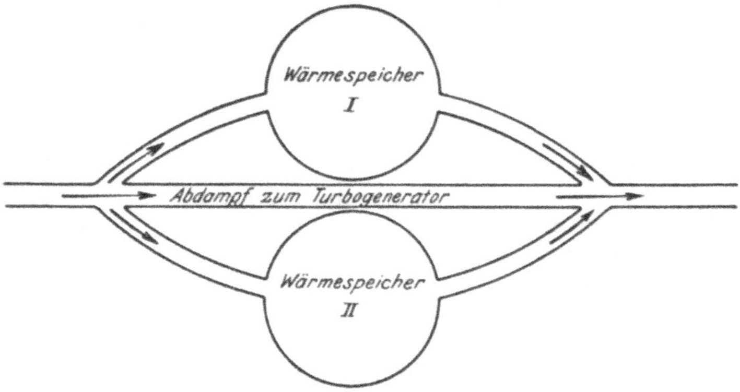

Abb. 190.

zusammen. Meines Erachtens müßte sogar Verringerung des Anlagekapitals stattfinden. Die Regelung der direkten Feuerung mit Frischgas ergibt sich durch den Dampfdruck leicht. Auf diese Weise waren wir aber in der Lage, die Abhitze der Öfen voll auszunutzen, und sollte die Schornsteintemperatur der Kessel noch zu hoch sein, so können die Kesselabgase sehr vorteilhaft zur Überhitzung des Abdampfes in den Wärmespeichern weiter ausgenutzt werden. Der Wirkungsgrad der gasbefeuerten Kessel ist aber durchschnittlich um 6÷7 v. H. höher, als der mit Kohle befeuerten, also 80 v. H. gegen 73 v. H. Störungen im Betriebe wegen Dampfmangel, wie dies bei Kesseln, die auf dem Schmiedeofen aufgebaut sind, an der Tagesordnung ist, findet nicht statt. Die Übersichtlichkeit der ganzen Anlage ist größer und die nötige Bedienungsmannschaft für Öfen und Kessel geringer.

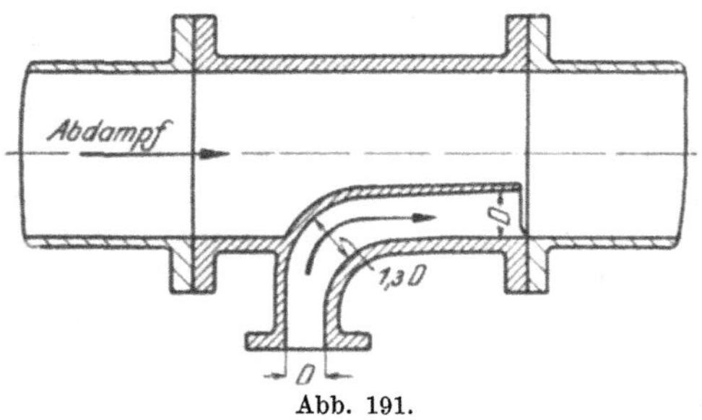

Abb. 191.

Die Abdampfverwertung gestaltet sich verhältnismäßig ebenso einfach, wenn Zweidruckturbinen verwendet werden. Die Hochdruckstufe soll so groß gewählt werden, daß im Notfall sie allein den ganzen Betrieb mit Kraft versorgt. Wegen der Reinigung der Wärmespeicher sieht die A. E. G. zwei vor von je der halben Kapazität, beide sind im Nebenschluß geschaltet wie Abb. 190.

Frisch- wie Abdampfleitungen sind gut zu isolieren. Die Anschlüsse der einzelnen Hammerabdampfleitungen sind in möglichst kleinem Winkel an die Hauptleitungen anzusetzen. Gegossene oder geschweißte Stutzen an den Verbindungsstellen, wie Abb. 191, haben sich gut bewährt.

Auf die Reinigung des Dampfes vom Öl ist in doppelter Hinsicht ganz besonderer Wert zu legen. Einesteils wegen der Rückgewinnung des Öls und hauptsächlich, um reines Kondensat für Kesselspeisewasser zu erhalten.

Aus den obigen Betrachtungen ergibt sich die Neuanlage einer neuzeitlichen Schmiede, wie folgt. Um die Abhitzekanäle von den Öfen nicht übermäßig lang zu erhalten, müßten die Dampfkessel ungefähr in der Mitte der Ofenreihe aufgestellt werden. Die Öfen in eine Reihe einseitig aufzustellen, ist in allen Schmieden vorteilhaft, sowohl bei direkter Bekohlung als bei Gasbeheizung. Im ersten Fall, um die Kohle nicht in der ganzen Fabrik herumzufahren, und im zweiten Fall, um möglichst einfache Gaszuleitungen zu erhalten, drittens, um durch einen geraden Hauptkanal die Abhitze ableiten zu können.

Die Dampfrohre können an den Dachstützen auf Rollenkonsolen ruhen, während für die schwere Gasleitung besondere eiserne Stützen vorzusehen sind, wie allgemein üblich. Wenn für den Betrieb anderer Werkstätten noch eine besondere Dampfkesselzentrale vorhanden ist mit demselben Dampfdruck (unter 12 Atm. geht man heute gewöhnlich nicht), so sind zweckmäßig die Frischdampfleitungen der Schmiedekessel mit den Kesseln der Zentrale zu vereinigen, um einen weiteren Ausgleich zu haben, auch anderweitiger Abdampf kann der Schmiede zugeführt, und wenn möglich, die Energieleitungen der Schmiedekraftquelle mit derjenigen der Hauptzentrale behufs wechselseitigen Ausgleiches verbunden werden.

Nach Angaben der Firma Borsig verbraucht ihre Schmiede in 24 Stunden 36000 kg Kohle. Der Dampfverbrauch beträgt 145000 kg am Tage, wovon 97000 kg durch die Abhitze der Öfen und 84000 kg direkt erzeugt werden. Die Schmiede der Firma A. Borsig, Berlin, ist eine der ersten, die mit geregelter Kraft- und Wärmewirtschaft eingerichtet wurde, und zwar mit einem Abdampfquantum, welches nur 8000 kg in der Stunde erreicht, also weit unter dem als tiefste Grenze gesetzten 10000 kg Stundendampf zurückbleibt. Das Hammerwerk hat eine dampfhydraulische Schmiedepresse von 2000 t und eine solche von 1200 t Preßdruck, 4 reinhydraulische Pressen von 500 t, 1 Dampfhammer von 2000 kg, 5 Hämmer von je 1000 kg Bärgewicht und 27 kleinere Hämmer. Die Arbeitsstücke der dampfhydraulischen Pressen werden in je 3 Glühöfen erwärmt. Der größte Ofen kann Blöcke von 40 ÷ 50 t auf Schmiedehitze erwärmen, die anderen sind für Blöcke von 5 ÷ 20 t eingerichtet, und zwar sind diese Öfen mit Halbgasfeuerung versehen und tragen Abhitzekessel von je etwa 90 m^2 Heizfläche mit einer Gesamtdampfleistung von 97 t von 9 Atm. am Tage. Da dieser Dampf nicht ausreicht, wird aus der Hauptzentrale noch 45 t Frischdampf für die Dampfhämmer abgezogen. Die tägliche Durchschnittsleistung der Schmiede beträgt 32 t Schmiedestücke und hat einen Kohlenverbrauch von 36 t außer demjenigen, der für die obigen 45 t Frischdampf gebraucht wird. Aus dem Abdampf werden in Abdampfturbinen täglich 9000 kW erzeugt. Als Brennmaterial wird Förderkohle von 6800 WE/kg verwendet.

Die Schmiede arbeitet in zwei Schichten, also 16 Stunden, mit Ausnahme der beiden schweren Pressen, die nur 8 Stunden in Tätigkeit sind. Wenn wir die Wärmebilanz von dieser Einrichtung aufstellen wollen, so müssen wir alle Zahlen auf 1 Stunde Vollbetrieb reduzieren. In Schmieden wachsen die Verluste gewaltig, wenn die Öfen nicht ausgenutzt werden oder werden können. Der Kohlenverlust ist beträchtlich, der durch das Warmhalten der unbenutzten Öfen entsteht, so daß es meist besser ist, einen Teil der Öfen und Maschinen ganz einzustellen und mit dem anderen Teil in 3 Schichten zu arbeiten, um dadurch dieselbe

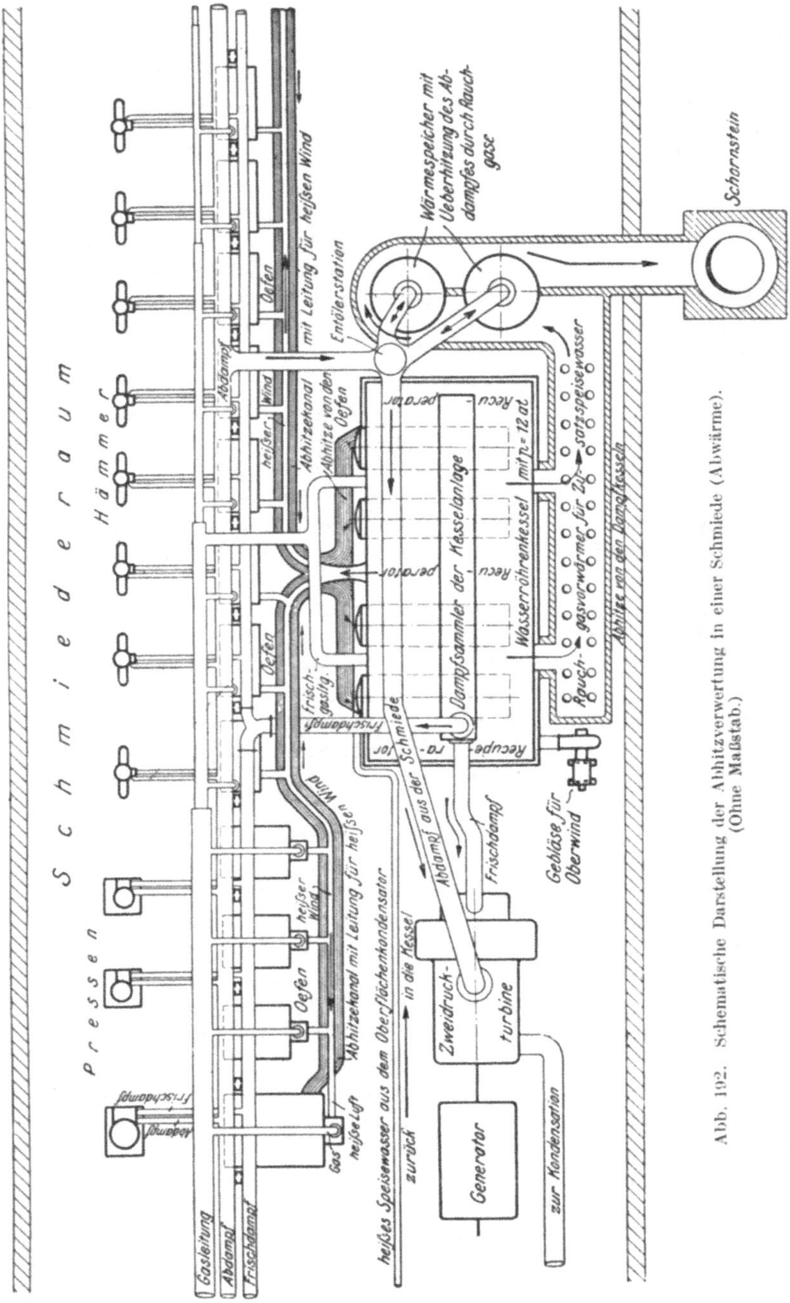

Abb. 192. Schematische Darstellung der Abhitzverwertung in einer Schmiede (Abwärme). (Ohne Maßstab.)

Leistung zu erzielen. Bei ganz großen Öfen ist die Anwärmedauer der schweren Blöcke meist größer als die Schmiededauer. Hier ist vielleicht 1 Schicht am Platze, aber die Abhitze dieser Öfen steht ja dann für Dampferzeugung zur Verfügung.

Die Borsig-Schmiede:

Die Stundenleistung an Fertigware . . . . $= \frac{32000}{16} = 2000$ kg/St. Stahl.

Die Dampfleistung von den Öfen von 9 ÷ 10 Atm.

Druck . . . . $= \frac{97000}{16} = 6060$ kg/St.

An Zusatzdampf . . . . $= \frac{45000}{16} = 2800$ kg/St.

An Abdampf $\frac{142000 \cdot 0{,}85}{16}$ . . . . $= 7600$ kg/St.

An Kraft $\frac{9000 \text{ kW}}{16}$ . . . . $= 560$ kW/St.

An Kohle . . . . $\frac{36000}{16} = 2250$ kg je 6800 WE

Wärmeinhalt der Kohle 6800 · 2250 . . . . $= 15300000$ WE

Wärmeinhalt der Kohle für die Erzeugung des Zusatzdampfes, bezogen auf einen Kesseleffekt von $\eta = 0{,}73$ bei 10 Atm. Dampfdruck

$\frac{2800 \cdot 667}{0{,}73}$ . . . . $= 2560000$ WE

I. Gesamtwärme . . . . $= 17860000$ WE

II. Nutzbar gemachte Wärme:

Zur Erzeugung von 2000 kg auf 1100° C erwärmten Stahls unter der Annahme, daß jedes Schmiedestück in 5 Hitzen fertig wird[1]).

1. Hitze von 15° auf 1100° . = 3000 · 175 = 525000
2. Hitze von 800° auf 1100° = 3000 (175 − 136 = 117000
3. Hitze bis 5. Hitze . . . . = 3 · 117000 = 351000 993000 WE

Wärmenutzen aus 8860 kg Frischdampf von 10 Atm. abs. bei einem Druckgefälle auf 1,2 Atm. in Hämmern und Pressen 8860 (667 − 641) . . . . . . = 230360 WE

Wärmenutzen aus 7600 kg Abdampf in den Abdampfturbinen, Druckgefälle von 1,2 auf 0,06 Atm. = 7600 (641 − 611) . . = 228000 WE 458360 WE 1451360 WE

(d. i. 13,7 kg Dampf für 1 kW)

Wärmeverlust. . . . . 16408630 WE

Die Schmiede arbeitet mit einem thermischen Nutzeffekt von

$$\eta_s = \frac{1451360}{17860000} = 0{,}09$$

Kohlenverbrauch $\frac{2250}{2000} = 1{,}145$ für 1 kg fertiger Ware.

Die wirtschaftliche Schmiede.

Sie arbeitet in 3 Schichten. Die Öfen sind teilweise Rekuperativgasöfen, teilweise Regeneratorgasöfen mit einer Herdtemperatur von 1400° C. Diese Öfen verbrauchen nach praktischen Erfahrungen in Schmieden bei einer Hitze und kaltem Stahl: Rekuperativöfen 12 v. H. des Einsatzes mit Generatorverlusten, Regenerativöfen 8 v. H. des Einsatzes ohne Generatorverluste. Es soll aber für die erste Hitze bei kaltem Stahl 12 v. H. Kohlenverbrauch je Kilogramm Einsatz und bei warmem Stahl von 600 ÷ 800° C für jede weitere Hitze die Hälfte des Kohlenverbrauches gesetzt werden, also unter denselben Annahmen wie in obiger Schmiede 12 + 4 · 6 = 36 v. H. Kohlenverbrauch der

[1]) Wobei zu bedenken ist, daß die meisten Schmiedestücke in 1 Hitze fertiggeschmiedet werden, ein Teil dagegen auch in mehr als 5 Hitzen.

Gesamtleistung der Schmiede an eingesetztem Stahl von 3000 kg/Std. gegenüber der Fertigware von 2000 kg/Std. Bei Stillstand der Öfen wird das Gas abgestellt. Der Dampf- und Energieverbrauch mag ebenso groß sein wie in der Borsig-Schmiede. Dann ergibt sich ein Kohlenverbrauch von:

In den Öfen:

Zur Erhitzung von 3000 kg Stahl auf 1000° C unter der Annahme, daß zeitweise stillgelegte Öfen zum Anwärmen weitere 4 v. H. des Gesamtkohlenverbrauches bedürfen:
$36 + 4 \cdot 3000 = 1200$ kg Kohle/6800 WE . . . . . . 8160000 WE

Es wird an Wärme verbraucht zum Erhitzen von 3000 kg Stahl in 5 Hitzen wie oben . . . . 993000 WE

Zum Erwärmen von $1200 \cdot 7$ m³ Sekundärluft auf 500° C $= 0{,}24 \cdot 1200 \cdot 7 \cdot 500 =$ . . . . 1008000 WE

Ofenverluste und Kanalverluste 10 v. H. der Gesamtwärme = ... 816000 WE 2817000 WE

Wärmeinhalt der Abhitze aus den Öfen, die unter die Dampfkessel geht . . . . 5343000 WE

Der Dampfdruck beträgt 12 Atm. Es wird deshalb in den Schmiedemaschinen gegenüber Dampf von 10 Atm. verbraucht bei Expansionshämmern

$$= \frac{8860 \cdot 0{,}1822}{1{,}2} \cdot 6{,}4 \cdot 0{,}75 = \text{rd. } 6600 \text{ kg/St.}$$

Wärmeinhalt der Kohle zur Erzeugung von 6600 kg Dampf bei Kesseleffekt von $\eta = 0{,}73 = \dfrac{6600 \cdot 669}{0{,}73}$ . . . . = 6048400 WE

Hiervon kommt in Abzug die Abhitze der Öfen, welche mit einem Kesseleffekt von $\eta = 0{,}65$ eingesetzt werden soll, $5343000 \cdot 0{,}65$. = 3472950 WE

2575450 WE

Das ergibt eine Kohlenmenge bei 6800 WE/kg und bei einem Nutzeffekt der Gasgeneratoren von $\eta_g = 0{,}78 = \dfrac{2575450}{0{,}65 \cdot 6800}$ . . . . = 583 kg/St.

Dazu kommen Ofenkohlen der Schmiede . . . . . = 1200 kg/St.

An Abdampf wird erhalten $6660 \cdot 0{,}85 = 5600$ kg/St.

oder $\dfrac{5600}{13{,}7} = 410$ Wk/St.

Zur Hochdruckstufe der Turbine muß also Frischdampf hinzugegeben werden, um weitere 150 kW zu erzeugen, da der Kraftbedarf = 560 WE wie in der Borsig-Schmiede sein soll. Mit Frischdampf von 12 Atm. werden für 150 kW verbraucht an Dampf $150 \cdot 5 = 750$ kg/St. bei 669 WE/kg und Gasgeneratorverlusten $\dfrac{150 \cdot 5 \cdot 669}{0{,}78 \cdot 6800}$ . . . . = rd. 100 kg/St.

Gesamtkohlenverbrauch der Schmiede in 1 Stunde 1883 kg = 12804400 WE

Therm. Nutzeffekt η_s:

Wärmeverbrauch zum Erhitzen des Stahles . . . . 993000 WE

Frischdampf $6600 + 750 = 7350$ kg/St. Druckgefälle von 12 auf 1,2 at . . . . 205800 WE

Druckgefälle von 1,2 auf 0,06 Atm. aus 5600 kg Abdampf . . . . 166300 WE

1365100 WE

Die Schmiede arbeitet mit einem thermischen Nutzeffekt

$$\eta_s = \frac{1365100}{12804400} = 0{,}1066$$

Der Kohlenverbrauch beträgt

$$\frac{1883}{2000} = 0{,}94 \text{ kg je Kilogramm fertiger Ware.}$$

Kohlenersparnis im Jahr $(2250 - 1883) \cdot 16 \cdot 300 = 1761$ t bei 16 Stunden Arbeitszeit und 300 Arbeitstagen, die Tonne zu 250 M. = 440250 M. (dabei ist der Kohlenverbrauch für die Öfen sehr hoch angenommen).

Eine Schmiede, welche die Abhitze und den Abdampf nicht ausnutzt, würde an Kohle verbrauchen unter denselben Verhältnissen und bei derselben Leistung und bei einem Betriebsdruck von 12 Atm. und guten Expansionshämmern, Rekuperativ- und Regenerativöfen:

Kohle für die Beheizung der Öfen . . . . 1200 kg/St.

Kohle für die Beheizung der Kessel für den Betrieb der Hämmer und Pressen . . . . 6600 kg Dampf

Kohle für die Beheizung der Kessel für den Kraftbedarf von 560 kW/St. . . . . 3360 kg „

9960 kg Dampf

$$\frac{9960.669}{0{,}73 \cdot 6800} = \quad . \; . \; . \; . \; . \; . \; . \quad 1325 \text{ kg/St.}$$

Gesamtverbrauch an Kohle . . . . 2525 kg/St.

Kohlenverschwendung im Jahr gegenüber der wirtschaftlichen Schmiede $(2525 - 1883) \cdot 16 \cdot 300 = 3080$ t/a zu 250 M. die Tonne = 770350 M.

Die Rekuperatoren in den Dampfkesseln zum Erhitzen der Sekundärluft sind in Metall ausgeführt gedacht, wie oben erwähnt. Man hat bereits bei kleinen Öfen Rekuperatoren in Metall mit gutem Erfolge ausgeführt, und zwar teilweise in Stahlrohren, teilweise in Kupferrohren. Die ersteren zeigten den Nachteil, daß sie zu schnell oxydierten, die letzteren sind für große Erhitzeranlagen zu teuer. Die Amerikaner sollen aber bereits vor dem Kriege erfolgreiche Versuche mit Nickelstahlerhitzern gemacht haben, die ohne weiteres ziemlich hohe Temperaturen ertragen[1]). Es wäre an der Zeit, diese Art Lufterhitzer im Interesse der Brennstoffersparnis auch in Deutschland einzuführen, denn der Nutzeffekt der gewöhnlichen Kanalerhitzer in Schamotte ist doch gar zu gering, und Kammererhitzer kann man in der Schmiede beim besten Willen nur selten verwenden. Einmal eingeführt, werden die Metallerhitzer sicher bald in geeigneter Form ausgebildet werden. Der Dampf wird in Schmieden gebraucht zum Betreiben von Dampfhämmern und -pressen, die Kraft für Sägen, Schleifsteine, Scheren, mechanische Hämmer, hydraulische Mechanismen, Hebe- und Transportvorrichtungen und Beleuchtung. Kraft und Wärme so zu verteilen, daß sie sich gegenseitig ausgleichen, um einen geschlossenen Kreislauf zu erzielen, ist ein Ding der Unmöglichkeit, weil die Art der erzeugten Formen jeder Schmiede ihren besonderen Charakter aufprägt. Man kann aber z. B. behaupten, daß eine Dampfpresse in einer Abdampf verwertenden Schmiede wirtschaftlicher arbeiten wird als eine hydraulische, und letztere nur vorzuziehen ist, wenn Kraft im Überschuß erzeugt wird. Bei Neuanlagen ist auf die Abwärmeverwertung unbedingt Rücksicht zu nehmen hinsichtlich der Wahl der verschiedenen Maschinenantriebe, um so mehr, als man sich bei Neuanlagen schneller für geregelte Abwärmeverwertung entschließen wird, da ja ohnehin Dampfkessel- und Energiezentrale angeschafft werden müssen und nur die Dampfspeicher als große Objekte hinzutreten. Bei alten Anlagen liegt die Sache nicht so einfach. Nur bei günstigster Rentabilitätsberechnung wird man sich entschließen, die vorhandene Kesselanlage und die Kraftanlage durch neuzeitliche Anordnungen zu ersetzen.

So bleibt denn die wirtschaftliche Einrichtung der Schmiede nur den größeren und ganz großen Schmieden vorbehalten. Aber auch diese neigen ihrem mehr hüttentechnischen Charakter nach mehr zum Anschluß an das Hütten- und Walzwerk als an die Maschinenfabrik. Dort ist man eingerichtet auf großzügige Abwärmeausnutzung, von welcher die gesamte Schmiedeabwärme nur einen verschwindend kleinen Teil ausmachen wird. Dort stehen unbenutzte

[1]) Über Metallrekuperatoren siehe S. 41.

Heizgase reichlich zur Verfügung, um billig Dampf- und Ofenhitze zu erzeugen, dort hat man für die zweckentsprechenden Vorformen des Rohmaterials nicht so schwere Bedenken wie in der Maschinenfabrik und hat viel Rohmaterial billig in nicht marktfähigem, gesundem Abfall, der auf Maschinenteile verarbeitet werden kann und jetzt meist nur in den Martinofen wandert. Wenn heute schon die Tendenz der Hütten und Walzwerke besteht, ihren Rohstoff soweit wie möglich zu raffinieren und in hochwertigerer Form auf den Markt zu bringen, so wird es nicht mehr lange dauern, bis sie an ihre Betriebe umfangreiche Freiformschmieden, Gesenk- und Schraubenpressereien, Schmieden für landwirtschaftliche Werkzeuge und überhaupt für alles, was schwarze, unbearbeitete Ware bedeutet, angliedern, dann erst wird Deutschland billig erzeugen und trotz der Dumpingmänner doch die Weltwirtschaft beherrschen. Die Maschinenfabriken sollen darüber nicht traurig sein, sie werden weiter Späne abheben und mit dem Mikrometer messen, ob alles stimmt, und werden zu der Einsicht kommen, daß die Rechnung besser stimmt als vorher, und nicht mehr Sorge haben, wo sie die viele Kohle herbekommen sollen, sie im ganzen Land herumspazieren zu fahren, um schließlich 90 v. H. davon durch ihre hohen Essen zu jagen.

Der Schnitt war nicht richtig, der Schmiede und Gießerei der Maschinenfabrik zuteilte, und hat beiden sicher mehr Schaden als Nutzen gebracht.

Der Vorgang des Fließens im gepreßten Messingblock beim hydraulischen Spritzen von Stangen[1]).

Beim Pressen von Metallstangen nach dem Dickschen Verfahren hat es sich herausgestellt, daß die Stangenteile der Endpressung konzentrische Unganzheiten aufweisen, die bei der Weiterverarbeitung der Stangen Ausschußstücke ergeben.

Dieser Umstand hat mich veranlaßt, den Vorgang des Fließens im gepreßten Block zu erforschen, um nach Möglichkeit die Entstehung solcher fehlerhafter Stangen von Anfang an zu vermeiden.

Zur Herstellung der verschiedensten Gegenstände verarbeitet die Industrie bereits seit längerer Zeit unter Umgehung der Formgießerei Stangen aus Messing, Aluminiumlegierungen, Zink und anderen Metallen entweder unmittelbar auf automatischen Drehbänken, oder es werden die Stangen, in kürzere Stücke geschnitten, in der Warmpresserei auf Reibungspressen in stählernen Gesenken geformt, ehe sie weiter auf Drehbänken bearbeitet werden.

Die Messingstangen werden auf verschiedene Weise hergestellt. Die höheren Ansprüche, die man heute an ihre Festigkeit stellt, haben das alte Verfahren, sie unmittelbar in Sand- oder Eisenformen zu gießen, fast ganz verschwinden lassen. Solche gegossene Stangen dürfen ihrer kristallinischen Struktur wegen nur in der Warmpresserei weiterverarbeitet werden. Allgemein sind zwei andere Verfahren verbreitet: Walzen und Spritzen.

Es soll hier nur über das Spritzverfahren gesprochen werden, das von Alexander Dick zuerst angewendet wurde[2]) und sowohl in Deutschland als auch in Österreich-Ungarn (vermutlich auch im feindlichen Ausland) eine große Verbreitung gefunden hat.

---

[1]) Aus Z. d. V. D. I., 1918, S. 281.
[2]) Siehe Z. d. V. D. I., 1896, S. 1434.

Auch in Friedenszeiten werden alle Werke, die sich auf das Dicksche Spritzverfahren eingerichtet haben, es mit großem Vorteil zur Herstellung von Zink-, Aluminium-, Kupfer- und Messingstangen und -rohren in den verschiedensten Profilen auszunützen suchen, um so mehr, als die Warmpressereien mit Reibungspressen solche Vorprodukte in großen Mengen anfordern werden, um allerhand Armaturen, Bau- und Möbelbeschläge und Maschinenteile für den Flugzeug- und Automobilbau anzufertigen, Gegenstände, die vor dem Kriege vielfach noch in Gießereien hergestellt wurden.

Abb. 193. Fehlerhaft gepreßte Stange im Bruch.

Aus diesem Grunde ist es vielleicht vielen Besitzern von Stangenpressen erwünscht, einen Einblick zu tun in die Vorgänge der Materialverschiebung im Block oder in der Bramme während des Pressens, um die Güte der erzeugten Stangen nicht dem Zufall überlassen zu müssen.

Es soll mit dieser Arbeit ein Anstoß zur weiteren Erforschung der erwähnten Vorgänge gegeben werden. Alle bisherigen Veränderungen und Verbesserungen des Dickschen Preßverfahrens betreffen nur die Mechanik der Presse selbst, nicht aber das Verfahren. Es wird in seiner in die Augen springenden Vorzüglichkeit genau so ausgeübt wie im Anfang. Vielleicht ließe sich doch manches zum Vorteil der Wirtschaftlichkeit verbessern; denn man darf nicht vergessen, daß hochwertige Rohstoffe zur Verwendung gelangen.

Die Unganzheiten der Stangen traten stets am zuletzt gepreßten Stangenende auf, nie im Beginn der Stange. Bei Stangendurchmessern von 50 mm hatten sie (Abb. 193) 10—15 mm Durchmesser und stellten einen Kern in der Stange von strahligem Gefüge vor, dessen Oberfläche manchmal rein metallisch, oft aber mit einer Oxydhaut bedeckt war, vermischt mit Schlackenteilchen.

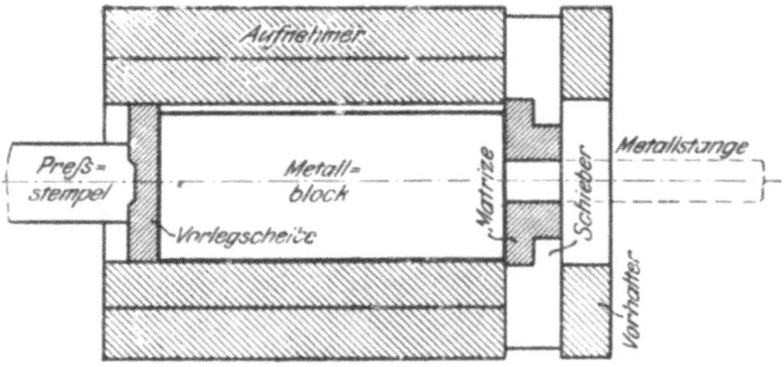

Abb. 194.

Diese Stangen waren aus Messingblöcken oder Brammen gespritzt. Die Blöcke waren, wie dies allgemein üblich, in gußeisernen Kokillen gegossen und hatten 130—135 mm Durchmesser bei 750 mm Länge.

Auf die Konstruktion der Stangenpresse werde ich hier nicht näher eingehen, da sie angesichts ihrer großen Verbreitung bekannt sein wird. Es sei nur folgendes erwähnt, um die Bezeichnungen in dieser Abhandlung festzulegen:

Der gegossene, im Rollofen erhitzte Block wird in den Aufnehmer der Presse gebracht. Der Aufnehmer ist ein beiderseits offener Stahlzylinder mit einer Büchse aus geschmiedetem Chromnickelstahl. Er wird einerseits durch den Schieber (Abb. 194) geschlossen, der die Matrize mit der gewünschten Profilöffnung trägt und sich gegen den Vorhalter anlegt, anderseits durch eine stählerne Vorlegscheibe von rund 40 mm Stärke, auf die der hydraulisch betätigte Preßstempel drückt. Die Matrize lagert sich konzentrisch vor der Bohrung des Aufnehmers und wird bei Kruppschen Pressen durch hydraulischen Druck abgedichtet.

Der warme Messingblock liegt jetzt zwischen Matrize und Vorlegscheibe. Da der Durchmesser der letzteren dem Durchmesser (Bohrung) des Aufnehmers entspricht, so ist der einzige Ausweg des Metalles aus diesem die Öffnung in der Matrize (in diesem Falle ein Kreis von 50 mm Durchmesser). Bevor aber die Stange aus der Matrize austritt, findet noch ein anderer Vorgang mit dem Block statt. Damit nämlich der Block in rotwarmem Zustande bequem und ohne Zeitverlust in den Aufnehmer geschoben werden kann, erhält er im Guß einen kleineren Durchmesser als die Aufnehmerbohrung. Bei 142 mm Bohrung des Aufnehmers werden die Blöcke mit rund 135 mm Durchmesser hergestellt. Hierdurch entsteht zwischen Block und Aufnehmerbohrung ein Spielraum, und zwar ein exzentrischer, da die Pressen wagerecht gelagert sind (Abb. 195). Wird jetzt auf den Stempel Druck gegeben, so staucht sich der Block vorerst zusammen. Das Material weicht dorthin aus, wo es am wenigsten Widerstand findet. Doch bevor noch der Block den Aufnehmer ganz ausfüllt, beginnt schon das Fließen der Stange aus der Matrize. Das findet statt, wenn die Stauchung bis zur Mitte der Blocklänge (von der Vorlegscheibe aus gerechnet) vorgedrungen ist.

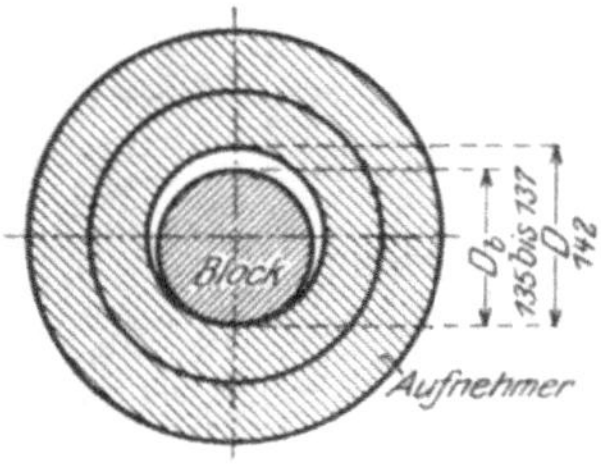

Abb. 195.

Jeder hat seine eigene Ansicht über Stauchen und Schmieden; wer jahrelang in Presserei und Schmiede steht, der kann ein Lied davon singen. Ich stelle mir den Vorgang folgendermaßen vor (Abb. 196). Bei Erreichung eines Druckes, der der Fließgrenze bei gegebener Temperatur entspricht, schiebt sich die der Vorlegscheibe zunächst gelagerte Schicht von Metallteilchen 1 zwischen die Metallteilchen der davor gelagerten Schicht 2. Auf diese Weise wird der Block an dieser Stelle um $\Sigma b_2 - \Sigma b_1$ verstärkt und um $l_1 - l_2$ verkürzt. Diese Staucharbeit geht bei kontinuierlichem Druck Schicht um Schicht vor sich. Ein Teil des Druckes P, der durch den Stempel über die Vorlegscheibe auf den Block übertragen wird, pflanzt sich also nicht geradlinig fort, sondern wird in Arbeit zur Verschiebung der Metallteilchen umgesetzt, diese in Wärme, wodurch die von der Umgebung des Blockes abgeleitete Wärme ersetzt wird. Der Druck P_1, der bis zur Matrize gelangt, ist demnach während des Fließzustandes kleiner als P:

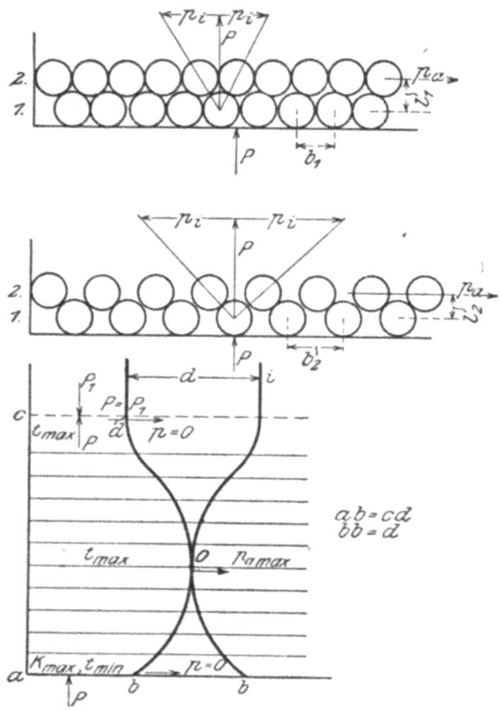

Abb. 196.

$$P_1 = P - \frac{A}{w} = kF_1,$$

wenn A die zum Verschieben der Metallteilchen aufgewendete Arbeit und w die Summe aller Verschiebungswege bedeutet. F_1 ist die vordere Blockfläche mit Abzug der Matrizenöffnung von der Fläche f, also $F_1 = F - f$, wenn F den Querschnitt des Blockes bedeutet. k ist die Festigkeitszahl des rotwarmen Blockes bis zur Fließgrenze bei gegebener Temperatur.

P_1 bleibt während des ganzen Spritzvorganges unveränderlich, solange k konstant bleibt. k bleibt konstant, solange sich t, die Temperatur des Blockes, nicht ändert. A wird kleiner, wenn w kleiner wird, also stetig mit Abnahme der Blocklänge; dann wird auch P kleiner (siehe Druckdiagramm Abb. 222).

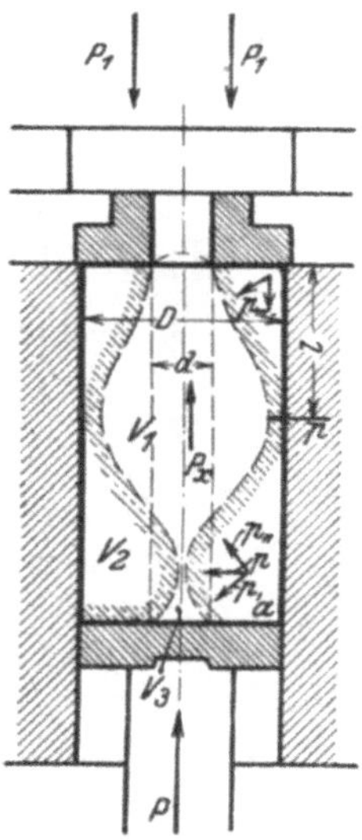

Abb. 197.

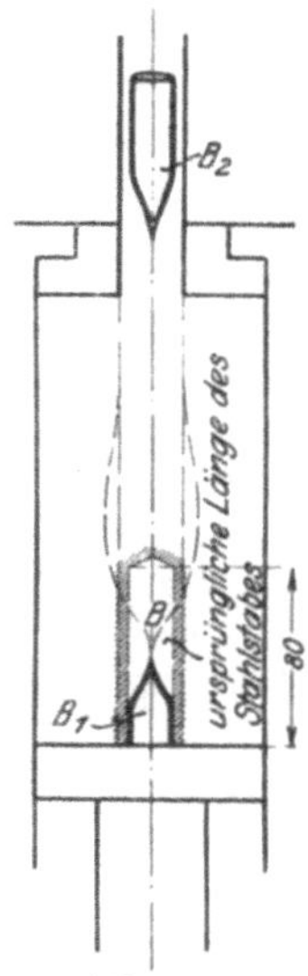

Abb. 198.

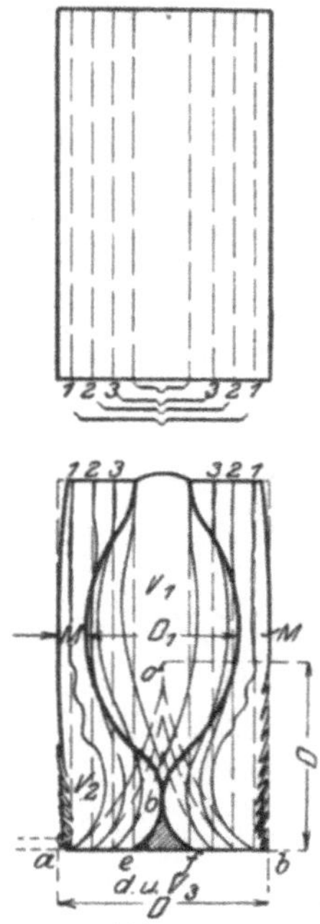

Abb. 199.
efo das ursprüngliche V_3; *abo'* das aufgewachsene V_3, eigentlich Teile von V.

Der auf den Block ausgeübte Druck P wirkt unmittelbar nur auf den Ringquerschnitt

$$F_1 = \frac{D^2\pi}{4} - \frac{d^2\pi}{4},$$

wenn D und d die F und f entsprechenden Durchmesser sind, so daß die Seele des Blockes vom Durchmesser d den vorerwähnten Materialverschiebungen vorerst nicht unterworfen ist. Ihr Abscherungsmoment äußert sich in der Kraft ψ im entgegengesetzten Sinne von P, ist am inneren Rande der Matrize gleich 0 und erreicht an der inneren Fläche der Vorlegscheibe seinen Höchstwert

$$\psi = d\pi l k,$$

worin l = Blocklänge.

Das vorbeschriebene Ineinanderschieben der Metallteilchen findet also vorerst nur in den unteren Schichten des Hohlzylinders mit dem Querschnitt F statt. Da nun aber durch die kalte Vorlegscheibe und den mit Wasser gekühlten Druckstempel Wärme aus den nächstliegenden Schichten des Blockes abgeleitet wird, so wird die Festigkeit dieser Schichten größer, während dicht hinter ihnen das

Material (Abb. 196, unten) wärmer und leichter fließbar ist. $b_2 - b_1$ wächst also Schicht um Schicht. Die Metallteilchen drängen sich in der Richtung der Komponente p_a in die Seele des Blockes. p_a und k stehen in einem engen Verhältnis zueinander.

p_a erreicht seinen Höchstwert in einer Entfernung von der Vorlegscheibe, die ungefähr dem Durchmesser der Matrizenbohrung entspricht, also hier rund 50 mm $= d$. Da P kleiner wird, je tiefer seine Wirkung in den Block eindringt $(= P_x)$, so nimmt auch p_a wieder ab, bis es in doppelter Entfernung des Durchmessers der Blockseele von der Vorlegscheibe wieder $= 0$ wird. Es bildet sich eine regelmäßige Einschnürung mit annähernd dem Krümmungshalbmesser $r = d$ (siehe Abb. 196, Linie *boi*).

Dies ist der Abschluß der ersten Periode.

Die bis zum Abschluß dieser ersten Periode geschilderten Vorgänge finden stets statt, ohne Rücksicht darauf, welchen

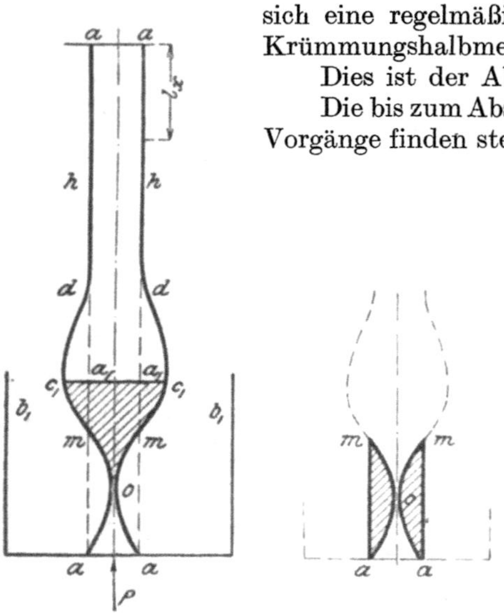

Abb. 200.

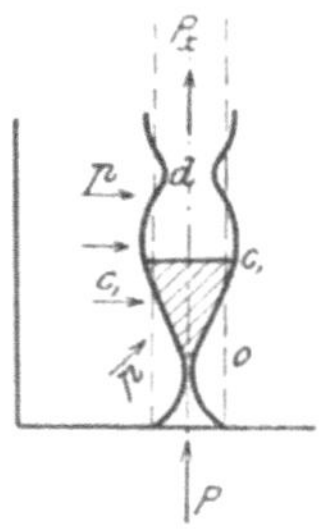

Abb. 200a.

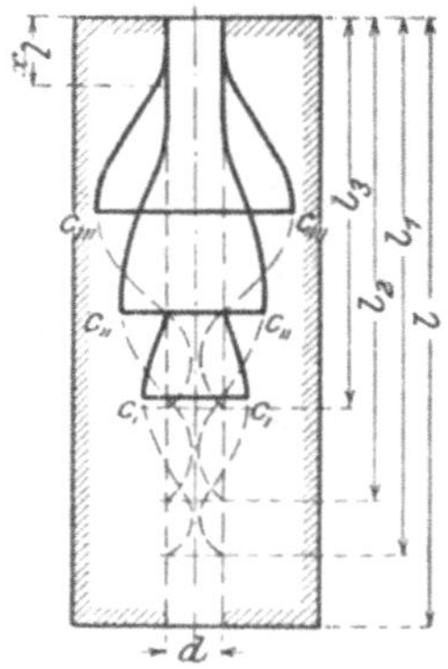

Abb. 200b.

Widerstand die Blockseele bietet. Wenn man aus einem Block die Seele durch Ausbohren entfernt, ihn auf Rotglut erwärmt und leicht anpreßt, so erhält man die Einschnürung in derselben Form und Entfernung von der Vorlegscheibe wie beim vollen Block (siehe Abb. 197). Wenn man umgekehrt die durch Ausbohren entfernte Blockseele durch einen Stahlstab ersetzt und in üblicher Weise preßt, so wird die Stahlseele an derselben Stelle abgeschnürt (siehe Abb. 198 und 202).

Das durch die Einschnürung verdrängte Material der Blockseele wird nach vorn geschoben. Abb. 200. Das Material des Rotationskörpers vom Querschnitt *amo* wird in den Raum $c_1 o c_1$ gedrängt. Die Blockseele von o bis zur Matrize nimmt jetzt die Form $o c_1 d h a a h d c_1 o$ an. Die Übertragung der Kraft P (P_x) findet jetzt durch den Kreisquerschnitt mit dem Durchmesser $c_{1'} c_{1'}$ statt. Dabei ist zu bemerken, daß der Kreisquerschnitt $a_1 a_1$ in der vor ihm liegenden Blockseele einen Widerstand findet von

$$\psi_x = d \pi l_x k ;$$

der Kreisringquerschnitt $b_1 b_1 - a_1 a_1$ ist einem Druck ausgesetzt gleich

$$\frac{(b_1 b_1 - a_1 a_1)^2 \pi}{4} P .$$

Das ist dasselbe Bild wie im Anfang der ersten Periode. Bei d wird die Blockseele eingeschnürt.

Es ist hier nur zu bemerken, daß das Material bei b_1 wegen der größeren Abkühlung durch den Aufnehmer ein höheres k hat als dasjenige bei c_1 und dieses wieder ein höheres k als das bei a_1 in der Blockseele.

Durch weiteres Stauchen des Blockes wird unter Einwirkung der Komponenten p das Material von o bis d weiter verdrängt und in den nach der Matrize hin gelegenen Teil der Blockseele geschoben (Abb. 200a, 200b und 201). Dieses Verdrängen geht während des Pressens ununterbrochen vor sich, bis sich V_1 gebildet hat, was erst nach entsprechender Verkürzung der Blocklänge l auf l_1 eintritt. Die Masse des verdrängten Materials wird dadurch vergrößert, damit vergrößert sich nach Abb. 200b auch die Druckfläche $c_{1,} - c_{1,}$ auf $c_{,,} - c_{,,}$ und schließlich auf $c_{,,,} - c_{,,,}$ als endgültig größten Durchmesser von V_1, bei dessen Bildung der Ausfluß der Stange beginnt. Hierdurch ist es auch erklärlich, daß V_1 bedeutend größer wird als $\frac{d^2\pi}{4}l$, d. i. das Volumen der Blockseele. In diesem Augenblick wird

$$\frac{d^2\pi}{4}P_x = d\pi l_x k\,.$$

Rechnerisch wie auch durch die Versuche ist die Länge l_x mit 36 mm bei einem Stangendurchmesser von 50 mm festgestellt worden. Hiermit hat die zweite Periode ein Ende.

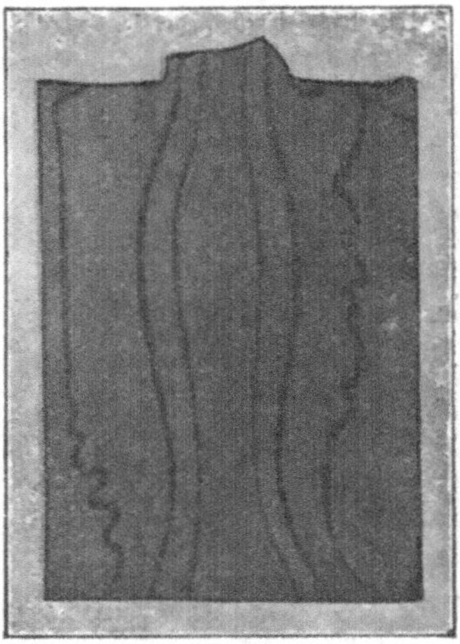

Abb. 201. Die Bildung von V_1, V_2 und V_3. Wegen seiner exzentrischen Lagerung im Aufnehmer ist die Pressung rechts weiter vorgeschritten als links. Betriebsversuch.

Wenn man jetzt den Vorgang unterbräche, so würde man durch geeignete Mittel feststellen können, daß der ganze Block drei voneinander verschiedene Teile aufweist (Abb. 197 u. 199). Der Teil der Blockseele, der bei Beginn der ersten Periode abgeschnürt wurde, der mit seiner Grundfläche an der Vorlegscheibe anliegt und die Gestalt eines sphärischen Konoides hat, heiße V_3. Der Teil, der in der zweiten Periode durch fortwährendes Stauchen des unteren Teiles der Blockseele eine spindelartige Form angenommen hat, heiße V_1. Der Rest schließlich, der an der Aufnehmer-Innenfläche liegt, werde V_2 genannt.

Es soll jetzt jeder dieser Teile besonders betrachtet werden.

Auf den ersten Blick sieht man, daß nur der Teil V_1 einen Ausfluß aus dem Aufnehmer hat, und zwar durch die Matrizenöffnung. Wir haben gesehen, daß durch das verdrängte Material der Blockseele beständig eine größere Druckbasis geschaffen wird von $c_, - c_,$ auf $c_{,,} - c_{,,}$ usw. bis $c_{,,,} - c_{,,,}$, den größten Querschnitt von V_1. Es sei gleich jetzt gesagt, daß nur das V_1 reine Stangen ergibt, daß also alles darauf ankommt, diesen Teil so groß wie möglich zu machen. Je größer $c_{,,,} - c_{,,,}$ wird, desto vorteilhafter. Es hängt dies von der Temperatur, der Legierung und vor allem von der Länge des Blockes ab. Je länger der Block ist, desto größer wird V_1.

Richtiger gesagt, V_1 soll groß sein gegenüber $V_2 + V_3$. Theoretisch und fast stets praktisch ist das Gewicht von V_1, also der reinen Stange:

$$G - G_{V_1} = \frac{D^3\pi}{4}\gamma\;;\; G_{V_1} = G - \frac{D^3\pi}{4}\gamma\,,$$

wenn G das Gewicht des Rohblockes, D Durchmesser des Aufnehmers und γ spez. Gew. der Stange ist.

Nachdem sich V_1 gebildet hat, ist der weitere Vorgang des Fließens vorläufig sehr einfach. Man betrachte Abb. 197. Durch die in V_2 wirkenden zentropetalen Komponenten von P, p, p_1, p_2, p_3, die auf der ganzen Oberfläche von V_1 wirken, wird dieser Teil zum Ausfluß gezwungen, um ein populäres Beispiel anzuwenden, als wenn der Zuckerbäcker mit seinem Spritzbeutel Verzierungen auf Torten spritzt, die ja auch Stab- oder Stangenform haben. Dieser Vorgang oder die Nudelpresse haben sicher Dick beim Bau seiner Stangenpresse vorgeschwebt.

Die dritte Periode beginnt mit dem Ausfließen der Stange aus der Matrizenöffnung. Die Blocklänge wird durch den Druckstempel ständig verkürzt.

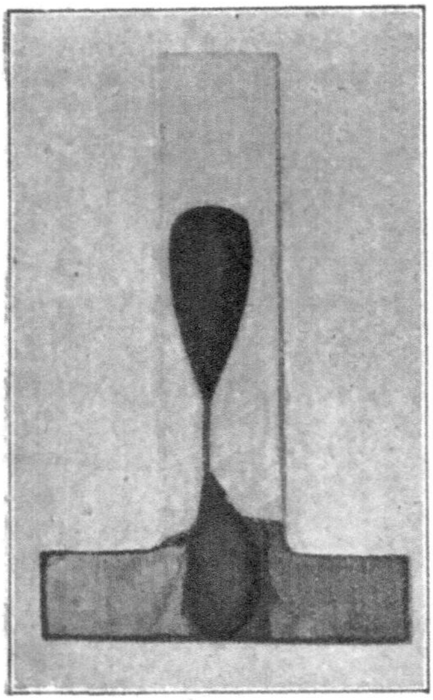

Abb. 202. Betriebsversuch.

Die interessantesten Fließvorgänge finden im Teil V_2 statt; wir müssen sie aber im Zusammenhange mit V_3 betrachten.

Das V_3, welches wir bis jetzt kennen, (Abb. 199), also der abgeschnürte Teil der Blockseele, der an der Vorlegscheibe liegt, soll mit dem Ausdruck das „ursprüngliche V_3“ ($du\,V_3$) bezeichnet werden. Dieses V_3 ist bis zum Ende der Pressung konstant, liegt fest angepreßt an der Vorlegscheibe und hat eine Konsistenz wie das Magma. Jeder Fremdkörper, den man an dieser Stelle in den Block künstlich einfügt, bleibt bis zum Rest des Blockes an dieser Stelle. Aber alle Teile des Fremdkörpers, die etwa den Teil $du\,V_3$ überragen, werden unerbittlich abgetrennt und in den Strom der fließenden Metallteilchen gerissen, so daß sie sich in der Stange wiederfinden (Abb. 202 und 198).

Man denke sich den ganzen Block in konzentrische Zylinder um die Seele herum zerlegt (Abb. 199) und vergegenwärtige sich die Betrachtungen, die beim Beginn der Stauchung des Blockes, die zur Abschnürung der Blockseele führte, angestellt wurden. Sämtliche gedachten zylindrischen Schichten, mit Ausnahme der Mantelschicht M, welche kühler und daher spröder und von einer Oxydschicht umgeben ist, die auch wohl deshalb von den zentripetalen p an den Aufnehmer gedrückt wird, deren vom Gießen herrührende Oxydhaut sich im Rollofen noch verstärkt hat, folgen demselben Gesetz wie beim Beginn der Stauchung, nachdem sich $du\,V_3$ gebildet hat, legen sich in der dritten Periode dicht um $du\,V_3$ herum und vergrößern es dauernd (Abb. 204 und 205). Dadurch entsteht die Wanderung des Punktes o nach o' (Abb. 199). Die nicht $du\,V_3$ vergrößernden Enden der Zylinderschichten werden entweder von V_1 verzehrt oder legen sich als V_2 um V_1, wie die Schichten einer Zwiebel. Nachdem V_1 ausgedrückt ist, zeigt sich der Blockrest im Schnitt wie in Abb. 203. Die Abschnürungsspitzen der Blockseele sind einesteils als Spitze des ursprünglichen V_3, andernteils in der Stange zu sehen (Abb. 204—208). Der Rest des Blockes hat noch eine Länge, die etwas größer ist als der Durchmesser bei normalem Preßvorgang.

Wenn der Punkt o, der unter den vorliegenden Verhältnissen am Ende der ersten Periode 50 mm von der Vorlegscheibe entfernt war, um weitere rund 92 mm nach vorn gewandert ist, also 142 mm von der Vorlegscheibe entfernt ist, dann ist V_1 als Stange umgebildet worden, und es bleibt im Aufnehmer nur noch $V_2 + V_3$. Der Blockrest ist 142 mm lang. Dies ist das Ende der dritten Periode.

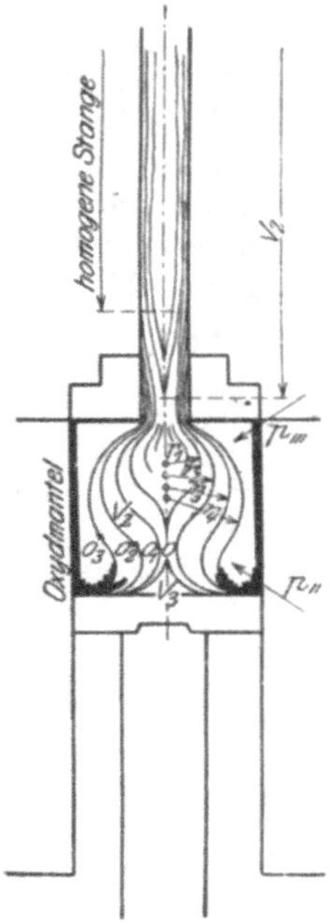

Abb. 203.

Jetzt beginnt die vierte und letzte Periode.

Erstens ist $du\,V_3$ durch die abgeschnürten Zylinderteile gewachsen, und zwar in der Weise, daß die Spitze der betreffenden Abschnürung eines Zylinders stets ebenso weit wie der Durchmesser desselben Zylinders von der Vorlegscheibe entfernt ist, so daß $du\,V_3$ bereits eine Größe hat, deren Basis und Höhe gleich dem Aufnehmerdurchmesser sind: $l = D$.

Zweitens haben sich der Oxydmantel und die spröderen benachbarten Metallteile allmählich an der Vorlegscheibe gestaucht, schieben sich auf der Vorlegscheibe gegen die Basenumfänge des Zuwachses von V_3 und verdrängen diesen in die Achse des Blockes (Abb. 203).

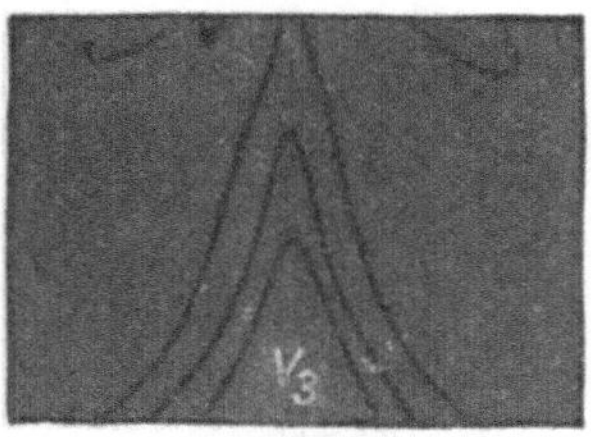

Abb. 204.

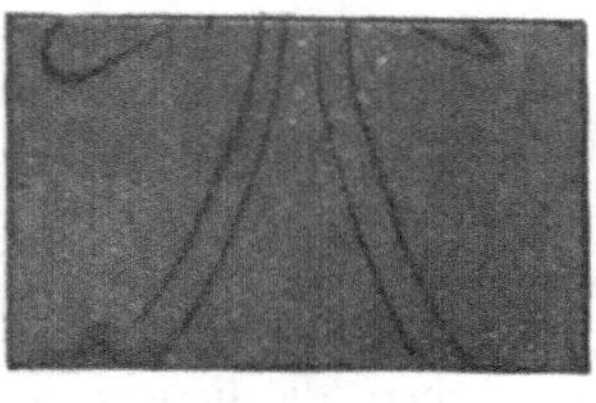
Abb. 205.
Die Bildung der sich auf das ursprüngliche V_3 auflegenden Kegel. Aus praktischen Versuchen. Betriebsversuche.

Die Spitze von V_3 tritt in die Düsenöffnung ein, so daß jetzt hier zwei konzentrische Strahlen entstehen (Abb. 17), der eine röhrenförmige von V_2, der Kern von V_3. Kern und äußere Schicht der so gebildeten Stange können noch metallisch rein sein, obgleich die Struktur verschieden ist, da der stark gepreßte Mantel aus V_2 in regelrechtem Fließvorgang gebildet wird und feinkörnig ist, während der Kern aus V_3 nur einem Ziehvorgang unterworfen, also sehnig ist (s. Abb. 209, 219, 211).

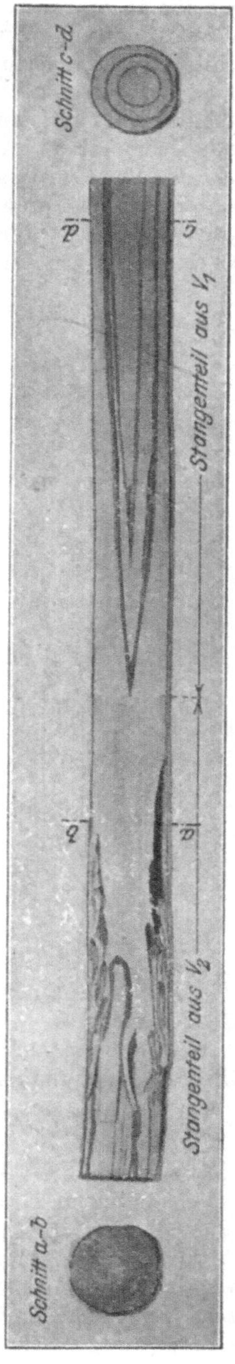

Abb 206–208. Betriebsversuch.

Der Oxydmantel des Blockes hat sich nun ununterbrochen auf der Vorlegscheibe in die Mitte des Blockrestes eingeschoben. Haben seine Oxydteile die Matrizenöffnung erreicht und treten sie in die Stange ein, so ist der oben geschilderte Kern natürlich nicht mehr metallisch rein. Die Stange, die anfangs aus $V_2 + V_3$ gebildet wird und die nicht fehlerfrei, jedoch noch rein war, wird hierdurch vollkommen unbrauchbar und nur für ganz untergeordnete Gegenstände verwendbar. Abb. 206—208 zeigen eine aufgeschnittene Stange an der Stelle, wo der Oxydmantel in die Stange eintritt; man kann ganz klar das Ende der reinen Stange sehen, d. i. die Spitze des eingelegten Kupferzylinders.

Bei 142 mm Aufnehmerdurchmesser bleibt ein unreiner Blockrest von $l = 142$ mm, gleichgültig, ob der Block früher abgeschopft war, d. h. ob der

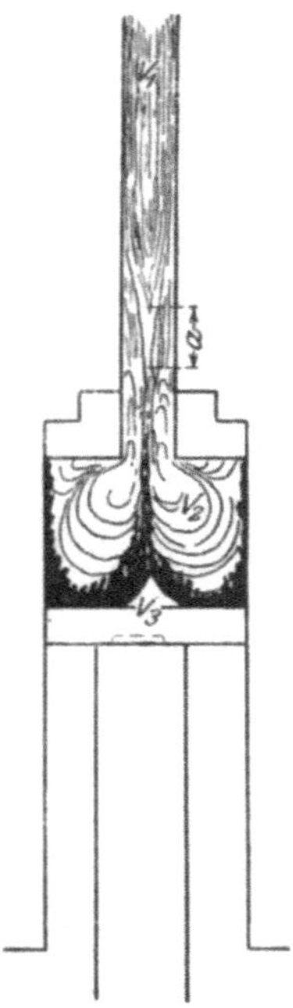

Abb. 209.

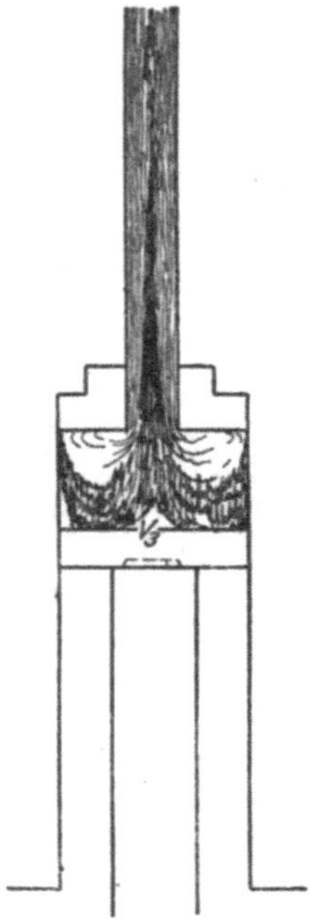

Abb. 210.

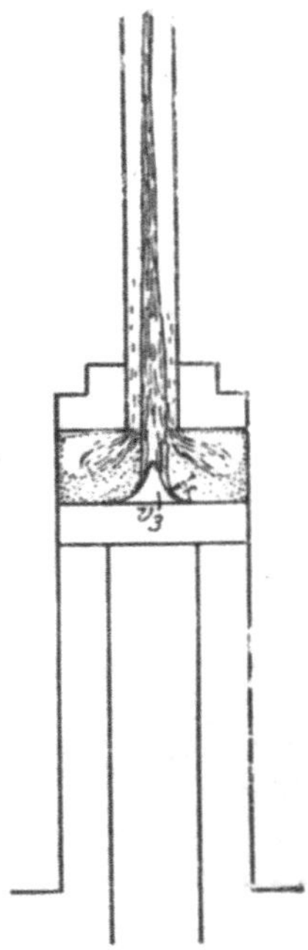

Abb. 211.

Lunker des gegossenen Blockes vorher durch Absägen oder Abstechen entfernt war oder nicht.

War der Lunker nicht entfernt, so tritt der erwähnte Übelstand etwas früher auf, und man hat einen 2,5—3 cm längeren Rückstand im Aufnehmer zu belassen, also

$$l = D + 3 \text{ cm}.$$

In diesem Falle geht man stets sicher, vollkommen gesunde, fehlerfreie Stangen zu erhalten, sobald die Metallegierung an und für sich fehlerfrei war.

Ich will noch einmal auf die Fließvorgänge in V_2 übergehen, da diese nicht genügend erschöpft sind; auf das gesteigerte Pressen komme ich später zurück.

Wir haben in Abb. 203 gesehen, daß aus dem Blockrest von einer Länge, die gleich dem Aufnehmerdurchmesser ist, der Inhalt der reinen Stange V_1 bereits verschwunden ist. Die Zylinderschichten des Blockes haben sich teils um *du* V_3 gelegt, teils bilden sie mit ihren Knicklinien die Form einer Zwiebel, aus der die Stange herauswächst.

Die unterste Spitze von V_1 (o) ist noch in der Stange zu sehen, während an der Vorlegscheibe der Mantel anfängt, sich in die Blockachse zu schieben.

In diesem Augenblick liegen die Mittelpunkte der Krümmungshalbmesser der Zylinderschichten zur Seite der Matrize auf der Achse des Blockes $r, r_1 \ldots r_x$, man kann an alle Krümmungslinien sehr gut Kreisbögen legen. Die Mittelpunkte der Krümmungshalbmesser, welche den Teilen der Zylinderschichten angehören, die sich um $du\,V_3$ legen, liegen außerhalb der Blockachse in einer Kurve, die ich nicht erforscht habe (Abb. 212).

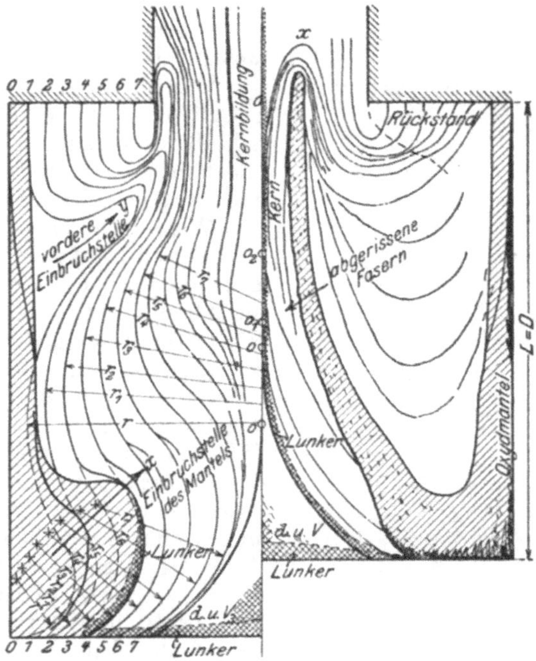

Abb. 212.

Würde man jetzt weiterpressen (Abb. 212) links, so bildeten sich durch die Komponenten x und y zwei Einbruchstellen in dem Zwiebelkörper, bei x verursacht durch den Oxydmantel, bei y durch das am Austritt verhinderte Material von V_2, welches bisher nicht in die Matrizenöffnung gelangen konnte (Abb. 212 u. 213). Sowohl bei y als auch bei x werden die Fasern durchgerissen und unordentlich in die Stange geschoben. Man erkennt dies deutlich auf Abb. 214—216, wo sich scharf die Grenze der reinen Stange aus V_1 von der unreinen aus V_2 abhebt.

Bei weiterem Fortschritt der Pressung (Abb. 212 rechts), liegt die Einbruchstelle von x schon weit in der Stange, und der Oxydmantel beherrscht vollkommen die Lage. Die Stange erhält außen zwar noch einen reinen Mantel von feinkörnigem Material, ist im Kern aber bereits verschmutzt und unganz. Das wäre der Abschluß der vierten Periode, die aber nicht in Wirkung kommen sollte.

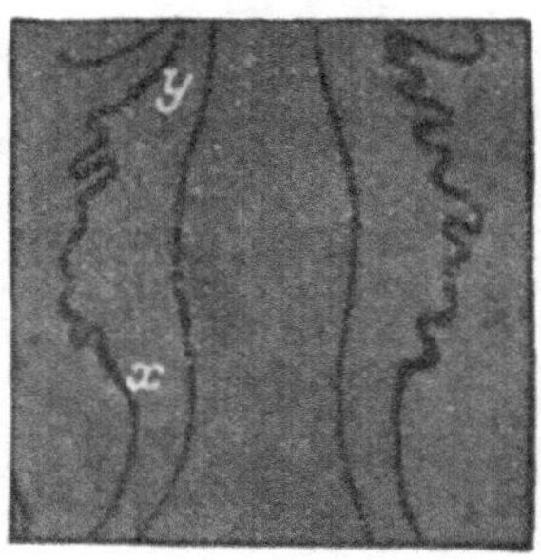

Abb. 213. Beginn des Durchbruches der Fasern in V_2. Betriebsversuch.

Wird der Block so verarbeitet, wie er aus der Kokille kommt, also ohne daß der Lunker durch Abschopfen auf der Warmsäge oder der Abstechbank entfernt wird, so kann er auf zweierlei Weise verpreßt werden, und zwar erstens mit der Lunkerseite zur Vorlegscheibe hin (Abb. 217 unten).

Ein normaler Lunker legt sich dabei nach der Kompressionsperiode in die Schicht $aefb$ dicht an die Vorlegscheibe an (Abb. 217 und 212).

Wenn nun die Blockhaut wie in Abb. 203 längs der Vorlegscheibe in den Block eindringt, so schiebt sie den Kreisring des zusammengepreßten Lunkers, der nicht im ursprünglichen V_3 liegt, mitsamt den aufgewachsenen Kegeln

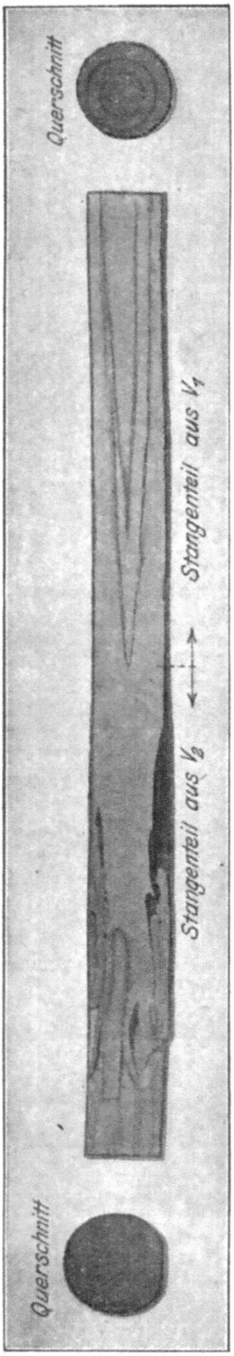

Abb. 214—216. Betriebsversuch

vor sich her in die Achse des Blockes. Das Ergebnis ist, wie bereits erwähnt, daß die Stange schon etwas früher unrein wird. Aus diesem Grunde ist der Rückstand des Blockes um einige Zentimeter länger bemessen als der Durchmesser des Aufnehmers.

Der Teil des Lunkers, der vom ursprünglichen V_3 eingeschlossen wird, ef (Abb. 217 rechts), bleibt bis zum Schluß des Vorganges hier fest sitzen und ist überhaupt ungefährlich, wenn der Lunker nicht ungewöhlich tief war, was bei zu heißem Gießen der Blöcke vorkommt.

Wenn nämlich bei sehr tiefem Lunker ein Teil (die Spitze) über die Abschnürung (über Punkt o) in V_1 gerät, so bildet sich an der unteren Spitze von V_1 eine Gasblase (Abb. 217 links unten). Durch die Wasserkühlung des Druckstempels entstehen im Aufnehmer Wasserdämpfe. In der eingeschlossenen Blase befindet sich Wasserdampf. Durch die starke Pressung und die hohe Temperatur wird der Dampf in $2H + O$ zersetzt und bildet Knallgas. Wenn nun die stark gepreßten Gase durch die Matrize mit der Stange austreten, dehnen sie das noch weiche Material der Stange aus und durchbrechen es an einer Stelle, gewöhnlich mit scharfem Knall und mit bläulicher Flamme brennend. In Abb. 217 links oben ist dieser Vorgang dargestellt.

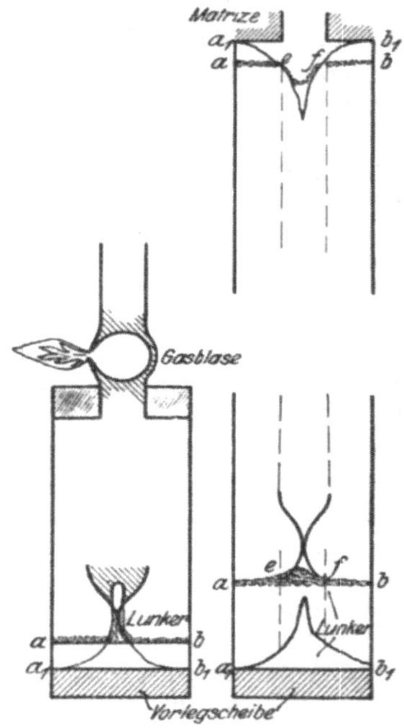

Abb. 217.

Wird der Lunker im Aufnehmer an die Seite der Matrize verlegt, so preßt er sich in die Schicht $aefb$ (Abb. 217 oben) zusammen. Der innere Teil des Lunkers, der vor der Matrizenöffnung liegt, ef, wird gleich zu Anfang herausgestoßen, während der Kreisring $aefb$ im Blockrückstand verbleibt.

Es hat den Anschein, als ob diese Art der Verpressung günstiger wäre, jedoch zeigt sich hierbei der Übelstand, daß durch die Schlackenteile im Lunker die glatte Innenfläche der Matrize zerkratzt und die Stange rifflig und rillig wird.

Aus diesem Grunde scheidet dieser Fall sogar ganz aus.

Es fragt sich nun, sollen die Blöcke abgeschopft werden oder nicht? In den weitaus meisten Werken werden sie abgeschopft. Nach dem oben Gesagten halte ich dies für ganz überflüssig, zeitraubend und teuer. Ich habe bewiesen, daß die größte Menge der Unreinigkeiten nicht von dem Lunker, sondern von dem Oxydmantel in die Stange getragen wird. Die Oberfläche des Lunkers

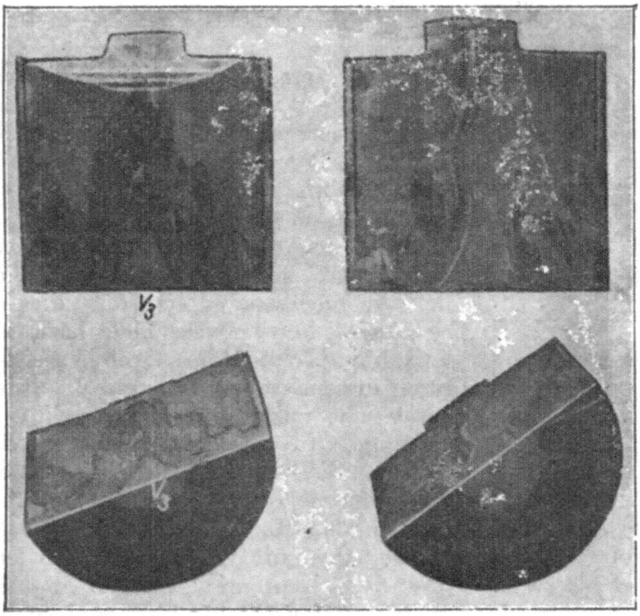

Abb. 218. Der Oxydmantel schiebt sich auf der Vorlegscheibe über V_3 in die Achse des Blockes und tritt — oben rechts — bereits in die Stange ein; V_3 bleibt bei diesem Vorgang unberührt. Betriebsversuch.

beträgt im schlimmsten Falle, wenn die Kegelseite sogar mit 150 mm angenommen wird,

$$F_L = \pi r s = 3{,}14 \cdot 6{,}75 \cdot 15\ \text{cm}^2 = 318\ \text{cm}^2,$$

diejenige des Blockmantels

$$F_M = D \pi l = 13{,}5 \cdot 3{,}14 \cdot 75 = 3180\ \text{cm}^2,$$

also rund 10mal mehr!

Für das Abschopfen rechnet man 8 cm Blocklänge. Wie wir aus dem Vorausgehenden gesehen haben, müssen bei $D = 14$ wenigstens 14 cm Blocklänge im Aufnehmer bleiben, um brauchbare Stangen zu erzielen. Es entfallen also $8 + 14$ cm $= 22$ cm Blocklänge, während man ohne Abschopfen mit 17 cm auskommt.

Der Lunker, der abgeschopft wird, ist allerdings hohl und wenn man ihn auf den Durchmesser des Aufnehmers komprimiert, so mögen meinetwegen die 8 cm Abschopfung sich auf 3 cm Blocklänge im Rückstand vermindern, so daß in beiden Fällen der gleiche Materialverlust entsteht, nur mit dem Unterschied, daß man Geld und Zeit spart, wenn man nicht abschopft.

Man kann aber den Lunker vermeiden, wenn man an den Block mit geeignetem Aufsatz auf der Kokille einen falschen Kopf angießt, den man mit dem Hammer während des Erstarrens des Blockes, wo das Messing gleich nach Beginn des dunkelrotwarmen Zustandes sehr spröde wird, abschlägt. Verpaßt man aber diesen Augenblick, und das kommt häufiger vor, so müssen die falschen Köpfe abgesägt, oder mit dem Meißel abgehauen werden: nicht viel weniger Arbeit, als das Abschopfen.

Man verfährt also am besten, wenn man nicht abschopft und den Block mit dem Lunker nach der Vorlegscheibe verpreßt, solange kein Mittel gefunden ist, den Oxydmantel des Blockes auf irgendeine Weise zu entfernen oder unschädlich zu machen.

Einen Weg dahin zeigt die Praxis selbst, doch ist er bisher noch nicht gangbar.

Die zwischen Block und Druckstempel eingelegte Vorlegscheibe soll den Aufnehmer eigentlich dicht abschließen und den Stempel freihalten.

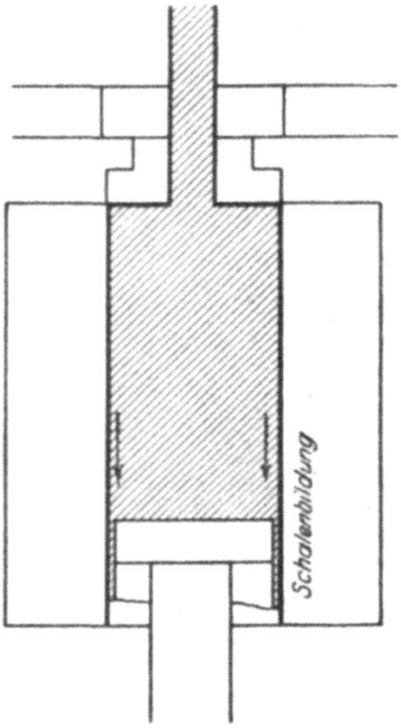

Abb. 219.

Der leichteren Handhabung wegen wird die Vorlegscheibe um 0,5 mm kleiner als die Bohrung des Aufnehmers gemacht.

Bei dem hohen Druck kann nicht vermieden werden, daß sich doch Metall vom Block zwischen der Aufnehmerwandung und der Vorlegscheibe durchpreßt. Auf diese Weise bildet sich im Aufnehmer ein dünnes Metallrohr. Die Vorlegscheibe leidet durch diesen Vorgang sehr stark, da sie durch das Metall abgerieben und kleiner wird. Nach jeder Pressung wird das Rohr (in der Praxis die Schale genannt) dicker (Abb. 219), bis die Vorlegscheibe durch eine neue ersetzt werden muß. Dies ist eine unerwünschte Erscheinung. Die Schale, die eigentlich der erwähnte Oxydmantel ist, der die Stangen verdirbt, ist sehr spröde; außen trägt sie die Metalloxyde des Mantels. Es liegt der Gedanke sehr nahe, absichtlich die Schalenbildung zu begünstigen, um einen metallisch reinen Kern in der Stange zu erhalten, so daß die Stangen wenigstens in der Warmpresserei Verwendung finden könnten. In diesem Falle wäre auch das Abschopfen der Blöcke zu befürworten, da man dann vollkommen reines Metall verpressen könnte, das man bis auf einige Millimeter Rückstand auszupressen vermöchte.

Die Erzeugung würde um 20 v. H. vergrößert, die Unkosten der Gießerei um 10—15 v. H. verringert werden.

Versuche in dieser Richtung haben bisher leider zu keinem Ergebnis geführt.

Der Block und auch die Vorlegscheibe liegen exzentrisch im Aufnehmer, (Abb. 195, S. 90). Dadurch staucht sich die Oxydhaut des Blockmantels sehr ungleichmäßig auf, außerdem wird die Schale exzendrisch abgeschert, so daß an der Unterseite des Blockes die Oxydschicht verbleibt oder es doch rein dem Zufall überlassen ist, ob sie einmal entfernt wird. Außerdem schiebt sich in der Kompressionsperiode die Oxydschicht des Mantels ineinander, und übereinander, so daß sie an einzelnen Stellen beträchtliche Stärke erreicht; (s. Abb. 218 und 220).

Abb. 220 zeigt einen gewöhnlichen Blockrest, Abb. 218 einen Block mit künstlich erzeugtem Mantel aus anderem Metall. Sowohl auf dem einen wie auf dem anderen Bilde sieht man die Wirkung der einseitigen Abscherung des Mantels durch die undichte Vorlegscheibe. Während der nicht abgescherte Mantel schon in die Matrizenöffnung hineinragt, ist die Seite, auf welcher die Oxydschicht durch Schalenbildung entfernt wurde, noch weit im Blockinnern zurückgeblieben. Das zeigt sich fast bei jedem Block.

Gesetzt aber den Fall, es gelänge durch vollkommen zentrisch geführte Vorlegscheibe, den Oxydmantel des Blockes vollkommen abzuscheren, so müßte man der Schale doch eine gewisse Wandstärke geben.

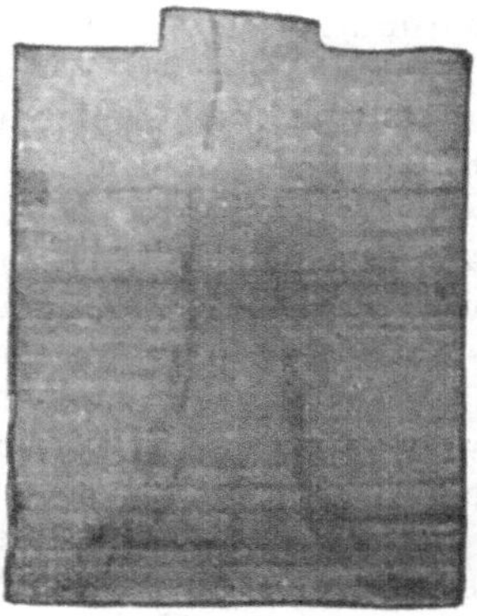

Abb. 220.
Das Eindringen des Oxydmantels im nicht präparierten Block.

Der Metallverlust wäre gering im Vergleich zu dem Vorteil, denn eine Schale von sogar 3 mm Wandstärke würde erst 2,5 cm Blocklänge ausmachen.

Die Schale bliebe aber im Aufnehmer zurück und müßte durch einen neuen Preßhub mit genau passender Vorlegscheibe nach vorn ausgestoßen werden. Jeder Preßvorgang erforderte auf diese Weise 2 Preßhübe anstatt eines, wodurch die Erzeugung um 50 v. H. verringert würde.

Wollte man aber versuchen, die Schale mit Haken aus dem Aufnehmer zu entfernen, so würde man bald zu der Einsicht kommen, daß dieses Vorhaben noch mehr Zeit als ein Preßhub erfordert.

Um Zeit zu ersparen, ist es in vielen Fabriken Gebrauch (schlechte Gewohnheit), bei jeder folgenden Pressung eine kleinere Vorlegscheibe zu wählen. Man läßt auf diese Weise die Schale auf verschiedene Schichten anwachsen und fühlt sich nur gezwungen, sie auszustoßen, wenn die Blöcke nicht mehr in den Aufnehmer passen.

Abb. 221.
Radiale Kristallagerung im gegossenen Block (Knüppel).

Doch nie findet dieses Verfahren bewußt statt zur Entfernung des Oxydmantels des Blockes. Im Gegenteil werden auf diese Weise sehr viel schlechte Stangen erzeugt, wenn nämlich die Vorlegscheibe Teile der Schale erfaßt und sie in den frischen Block hineinpreßt. Die Schalenteile finden sich dann in den Stangen als Fremdkörper wieder.

Solange es also kein Mittel gibt, die Oxydschicht des Blockes zu entfernen, ist auf reine Stangen aus $V_2 + V_3$ nicht zu rechnen.

In den weitaus meisten Fabriken werden die Blöcke bis auf einige Zentimeter Rückstand ausgepreßt, d. h. soweit, bis der erhöhte Druck im Manometer anzeigt, daß es nicht weiter geht. Wenn die Stangen dabei äußerlich ein gutes Aussehen haben, werden sie dem Verbrauch übergeben.

Die Betrachtung der abgehauenen Blockreste allein, an denen der unreine Kern deutlich sichtbar ist, sollte zum Nachdenken Anlaß geben. Nichtsdestoweniger findet man stets dieselbe Antwort; Das hat nichts zu sagen, unsere Stangen sind gut. Wir müssen 300 Pressungen in der Schicht herausbringen! Außerdem werden Kiloprämien gezahlt. Man muß hier scharf unterscheiden, wo die Unkenntnis aufhört und Gewinnsucht und Unfug beginnen.

Handelt es sich um runde Stangen, die für Präzisionsbearbeitung auf Drehbänken verwendet werden sollen, so ist der beschleunigte Betrieb nach dem erwähnten Muster unbedingt zu verwerfen.

Im allgemeinen kann man folgendes festlegen:

Für dünnere Stangen bis 25 und 30 mm Durchmesser, die auf automatischen Drehbänken unmittelbar weiter verarbeitet werden und aus denen Teile mit zentralen Bohrungen erzeugt werden, kommt es nicht so sehr auf die Festigkeit des Materials an. Der unsaubere Kern hat bei diesen Abmessungen einen kleineren Durchmesser und wird außerdem durch die Bohrung entfernt.

Für Teile, die Zapfen aufweisen, wo der Kern also den Zapfen bildet, wo außerdem diese Zapfen mit Gewinde versehen werden, ist nur gesundes Material zu verwenden.

Für gespritzte Drähte von 7 mm Durchmesser, die später durch Ziehen auf geringere Stärken verarbeitet werden, ist nur gesundes Material zu verwenden, da die Drähte brüchig werden, es sei denn, daß sie für Luxusgegenstände verwendet werden.

Für stärkere Stangen bis 50 mm Durchmesser, die in der Warmpresserei weiter verarbeitet werden, ehe sie auf die Drehbank kommen, ist unbedingt einwandfreies Material zu verwenden.

Eine Stangenpresserei, die ihre Stangen nicht selbst verarbeitet, hat kein Interesse daran, ob die Stangen vollkommen einwandfrei sind oder nicht, solange sie vom Verbraucher nicht beanstandet werden.

Verbraucht die Stangenpresserei aber ihre eigenen Stangen, so schadet sie sich selber.

Beim Zersägen der Stangen in kurze Stücke für die Warmpresserei wird die Schnittfläche durch die Sägestriche verschmiert, so daß Unsauberkeiten auf der blanken Oberfläche nicht zu sehen sind. Die schlechten Stangenteile werden mit den guten verpreßt, und erst nach der Bearbeitung auf der Drehbank kommen die Schäden zutage (Abb. 193).

Es ist doch billiger, einen größeren Blockrest gleich der Gießerei zurückzugeben, als dieselbe Menge Messing (mit dem üblichen Verlust an Abbrand, Spänen usw.) erst durch viele Arbeitsgänge laufen zu lassen, um sie zum Schluß doch wieder einzuschmelzen.

Es gelingt stets, den Ausschuß von 15—20 v. H. auf 2—3 v. H. zu ermäßigen, allein durch Erzeugung und Verwendung von guten Stangen. Ist aber einmal der Warmpresser hinter das Geheimnis gekommen, so wird er jede gekaufte Stange durch Anbruch untersuchen, ehe er sie verpreßt.

Es soll nun nicht gesagt sein, daß unter allen Umständen mit den angegebenen großen Blockrückständen gearbeitet werden muß.

Es gibt z. B. viele Profile, die ausschließlich für Verzierungen Verwendung finden, wie z. B. Flach- und Winkelkarniese, bei denen es nur auf die reine Oberfläche ankommt. Bei diesen Erzeugnissen wäre es Verschwendung, wollte man aus Materialrücksichten nicht die ganze Blocklänge ausnutzen.

Mit einer Stangenpresse von den hier mehrfach erwähnten Abmessungen für rund 750 mm Blocklänge kann man in 10stündiger Tagesschicht ohne besondere Beschleunigung 220 Stangen von 50 mm Durchmesser pressen, mit Beschleunigung 260—270, wenn man unmittelbar von der Preßpumpe auf die Presse arbeitet; 270—300 Stangen ohne Beschleunigung, 320—350 Pressungen beschleunigt, wenn man vom Akkumulator auf die Presse arbeitet. Bei kleineren Abmessungen, namentlich beim Drahtspritzen, verringert sich die Leistung entsprechend.

Die scheinbaren Vorteile beim beschleunigten Pressen liegen hauptsächlich im warmen Aufnehmer, der sich durch das schnelle Wechseln der vorgewärmten

Blöcke auf entsprechend höherer Temperatur halten kann (nicht ohne Schaden für ihn selbst).

Die höhere Temperatur bewirkt ein größeres V_1 gegenüber $V_2 + V_3$. Die Erzeugung an reinem Stangenmaterial steigt etwas.

Der Kraftbedarf wird bei höherer Temperatur des Aufnehmers (und gleichzeitig des Blockes beim Pressen) naturgemäß geringer, da k kleiner wird.

Während man in normalem Betriebe mit durchschnittlich 120 Atm. bei 50 mm-Stangen zu arbeiten gezwungen ist (siehe Abb. 222), sinkt der Druck bei beschleunigtem Betrieb auf 80—90 Atm. (Kruppsche Stangenpresse von 1000 t Pressung mit 142 mm Durchmesser des Aufnehmers).

Die Stange, die bei 80 Atm. gepreßt wurde, hat jedoch im Gegensatz zu unter höherem Druck gepreßten Stangen ein weniger feinkörniges und homogenes

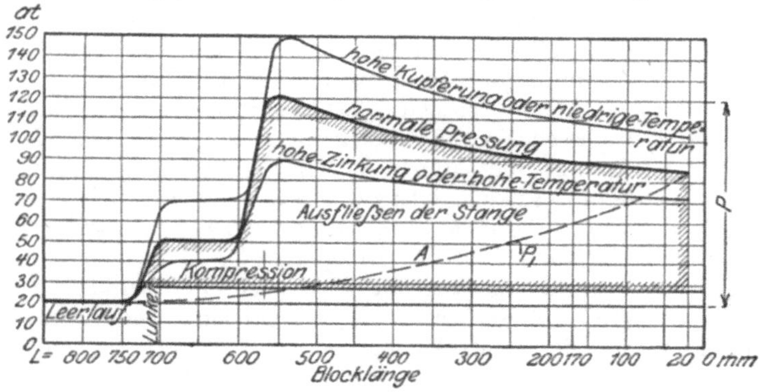

Abb. 222. Manometerkurven am hydraulischen Zylinder.

Gefüge und geringere Festigkeit. Es kommt immer wieder auf den Verwendungszweck der Stangen an.

Abb. 222 zeigt die Druckverhältnisse während des Preßvorganges. Zugrunde liegen folgende Werte:

Durchmesser des hydraulischen Zylinders 660 mm, Durchmesser des Aufnehmers $D = 142$ mm, Durchmesser der Blöcke $D_1 = 135$ mm, Länge $l = 750$ mm, Durchmesser der Stangen $d = 50$ mm.

$$\text{Legierung: } 58\,Cu + 42\,Zn.$$

Der Kraftverbrauch wird am Ende der Pressung kleiner, weil die Fließlinie kürzer, die Summe aller Verschiebungen der Metallteilchen kleiner wird. Das Blockmaterial hat im kalten Zustande eine Festigkeit K von 25—26 kg/qmm, das kalte Stangenmaterial von 30—32 kg/qmm. Bei einer Temperatur von 700—750° (höher soll der Block im Rollofen nicht angewärmt werden) hat dasselbe Material eine Festigkeit

$$K = 7{,}5 \text{ bis } 8{,}5 \text{ kg/qmm}$$

bei einem $^{58}/_{42}$ legierten Messing.

Von dem Manometerdruck sind 15—20 Atm. für den inneren Widerstand der Presse in Abzug zu bringen. Bei 120 Atm. Manometerdruck ist also der reine Kraftdruck P_h mit 100 kg/qcm anzunehmen bei $l_x = l$. Bei $l_x = D$ ist $P_h = 60$ bis 70 kg/qcm. Während der Kompressionsperiode des Blockes ist der Druck $P_h = 30$ kg/qcm konstant und steigt plötzlich bis zum Ausfluß der Stange auf seinen Höchstwert. (P_h = Druck im hydraulischen Zylinder.)

Über P_1 liegen keine genaueren Werte vor. Wenn man aber nach der Kompressionsperiode, d. h. beim ersten Beginn des Ausfließens der Stange, den Block aus dem Aufnehmer nimmt, so sieht man, wie an der Seite der Vorlegscheibe die Fließgrenze schon bei weitem überschritten ist, an der Matrizenstirnfläche aber überhaupt keine Deformationen der Blockstirnseite festzustellen sind. Grobe Drehrisse sind nicht einmal glattgedrückt, ein Zeichen, daß P_1 hier noch nicht $K = 7{,}5$ kg/qmm erreicht hat, sondern weit unter diesem Werte stehen muß, während

$$P = \frac{D_h^2}{D^2}\frac{100}{100} = 21 \text{ kg/qmm ist.}$$

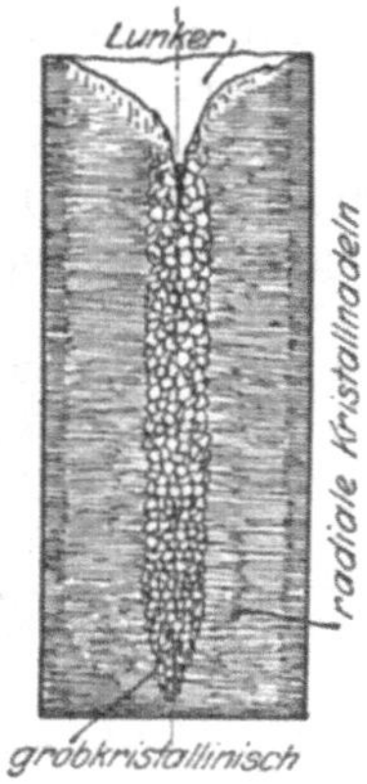

Abb. 223. Längsschnitt durch den gegossenen Block. $D = 135$ mm, $l = 750$ mm.

P_1 scheint also erst etwas später seinen Höchstwert zu erreichen, bis es beim Blockrest gleich P_x wird. K scheint während des Preßvorganges zu wachsen, und zwar durch Abnahme der Temperatur t des Blockes.

Die Struktur des Blockes. Das für Stangenpressen gegossene Vorprodukt heißt Block, Knüppel oder Bramme. Es soll hier nur von Messingblöcken gesprochen werden, denn auf den Stangenpressen können auch andere Metalle und Legierungen verarbeitet werden, wie Kupfer, Aluminium, Zink und ihre Legierungen.

Die Messingblöcke werden in zylindrisch gebohrten ganzen oder geteilten gußeisernen Kokillen gegossen. Die Kokillen erhalten einen gußeisernen Siebtrichter als Aufsatz, damit Fremdkörper, wie Eisen usw., nicht in den Block gelangen können.

Abb. 224.

Es leuchtet ein, daß das flüssige Metall beim Gießen an der Kokillenwandung schnell abschreckt und infolgedessen keine Zeit findet, hier größere Kristalle zu bilden. In der Achse des Blockes ist das Metall am längsten flüssig und hat Zeit.

Abb. 223 zeigt einen Rohblock im Längsschnitt. Die Kristalle gruppieren sich strahlig in Form von Nadeln, deren Spitzen im Mantel des Blockes liegen. Abb. 224 und 225 zeigen solche losgelöste Nadeln, Abb. 226—227 den etwas vergrößerten Blockquerschnitt.

Abb. 225. Losgelöste Kristalle.

Durch Zusammenziehen des Metalles beim Erkalten bildet sich der Lunker, eine kegelige Vertiefung am oberen Ende des Blockes (Abb. 223).

Die Blöcke werden gewöhnlich aus einer Legierung gegossen, die im guten Durchschnitt 58 v. H. Cu und 42 v H. Zn enthält. Bei guten Blöcken, die mit der größten Aufmerksamkeit gegossen werden, kommen Schwankungen in der Legierung fortwährend vor, sie sollen aber nicht die Grenzen von 57,5 bis höchstens 60 v. H. Cu überschreiten. Diese Schwankungen sind in der Kriegszeit größer und in der Verwendung der wegen des Mangels an Tiegeln benutzten sogenannten tiegellosen Öfen begründet. Es sind dies Flammöfen von 0,25—2 t Inhalt mit Rohölfeuerung, die in schmiedeeisernen Trommeln entweder in der Achse oder quer zur Zylinderachse kippbar angeordnet sind. Diese Kriegsöfen dürften wohl bald nach dem Kriege verschwinden. Der Abbrand steht konstant auf 10 v. H. Die ersten Pfannen aus dem Ofen werden also stets zinkreicher sein als die letzten.

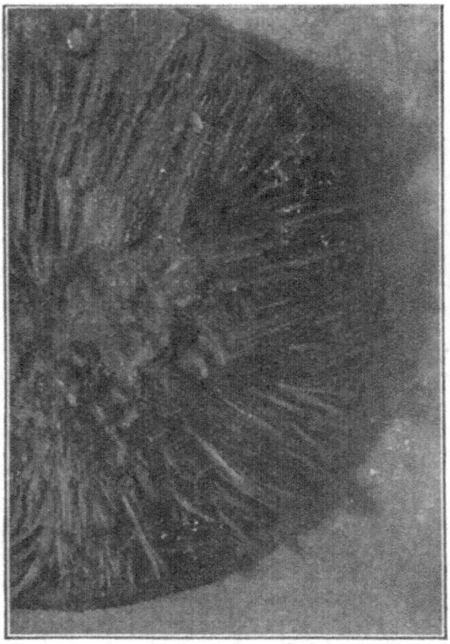

Abb. 226. Blockquerschnitt.

Die Legierung kann nur durch Löffelproben während des Schmelzens geprüft werden. Der Bruch der Löffelprobe ist der für die Begutachtung allein maßgebende Wert.

Bei verschiedener Beleuchtung und den zuckenden Flammen der Öfen muß der Schmelzer schon einen sehr geübten Blick haben, um die Probe auf 1 v. H. bestimmen zu können. Trotz dieser schwankenden Legierungen zeigt es sich auffallenderweise, daß die Zusammensetzung der Nadeln stets gleich bleibt, und zwar mit 59,3 bis 59,4 v. H. Cu.

Das entspricht sehr gut der chemischen Formel Cu_3Zn_2. Es erweckt den Anschein, als ob die Legierung der Kristallnadeln eine chemische Verbindung wäre. Wie dem auch sei, es steht fest, daß in jedem Block sich wenigstens zwei verschiedene Legierungen absondern, und zwar eine kupferreichere und eine kupferärmere. Letztere, also die zinkreichere, umgibt die Kristallnadeln wie die Mutterlauge. Sie füllt als Eutektikon die Räume zwischen den Kristallen aus. Wegen ihres Zinkreichtums ist sie leichtflüssiger und scheint bei der Materialverschiebung zwischen den Metallteilchen die Rolle des Schmiermittels zu vertreten. Hierdurch scheint folgender Umstand seine Aufklärung zu finden: Blöcke mit mehr als 61 v. H. Cu lassen sich nicht mehr pressen. Trotz erhöhter Temperatur und erhöhten Druckes ergeben sie keine glatten Stangen, sondern bilden nur grobschuppige Abrisse.

Abb. 227. Blockquerschnitt.

Bereits bei der Grenze von 60 v. H. beginnt die Schuppenbildung (Abb. 228 und 229): zuerst ganz fein, bei höherer Kupferung gröber, woraus man unmittelbar einen Rückschluß auf die Legierung ziehen kann.

Das unduktile Material liegt zwischen 60 und 68 v. H. Cu. Zwischen 68 und 100 v. H. Cu ist der Block wieder bei höherer Temperatur und größerem Druck spritzbar.

Betrachten wir das Eutektikon bei erhöhter Kupferung. Wenn bei 58 v. H. Cu der Blocklegierung die Kristallnadeln eine Zusammensetzung von Cu_3Zn_2 zeigen, die auch bei höherer Kupferung konstant bleibt, so muß die Kupferzugabe bei Blöcken z. B. von 59 bis 60 v. H. Cu ganz vom Eutektikon aufgenommen werden, bis sein Kupfergehalt ebenfalls der Formel Cu_3Zn_2 entspricht. Bei weiteren Zugaben würde das Eutektikon aus reinem Kupfer bestehen. Es liegt sogar die Vermutung vor, daß 59,33 v. H. die theoretische Duktilitätsgrenze ist. In der Tat findet auch bereits hier die Bildung sehr feiner Schuppen statt.

Abb. 228.

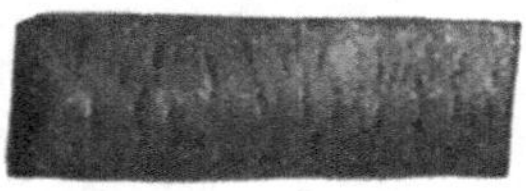

Abb. 229. Schuppenbildung.

Das zinkreiche Eutektikon fehlt in den Legierungen mit 60—68 v. H. Cu. Bei mehr als 68 v. H. Cu könnten sich aber wieder andere Kristalle aus Cu_3Zn bilden, was einer Legierung von 75,5 v. H. Cu und 24,5 v. H. Zn entspräche, wobei sich wieder ein zinkreicheres Eutektikon absondern würde.

Das sind allerdings nur Vermutungen, die jedoch sehr nahe liegen, nachdem eine chemische Verbindung von Cu und Zn in Cu_2Zn_3 einwandfrei erwiesen ist. Da aber gerade in letzter Zeit eine ganze Reihe von Kupfer-Zink-Verbindungen für möglich gehalten wird, warum sollten nicht auch Cu_3Zn_2 und Cu_3Zn möglich sein?

An dieser Stelle soll auch folgende Erscheinung erklärt werden:

Wenn der 58/42-gekupferte Block mit einer Temperatur von über 750°, dazu noch bei hochwarmem Aufnehmer, gepreßt wird, oder wenn er etwa zu hoch gezinkt war, und dann schon bei niedrigerer Temperatur, so kommt es sehr häufig vor, daß die heraustretende Stange auf mehrere Meter Länge an der Oberfläche aufreißt, wobei sich starker Zinkrauch entwickelt und aus der aufgerissenen Stelle sich ganze Bündel von Kristallnadeln herausschieben.

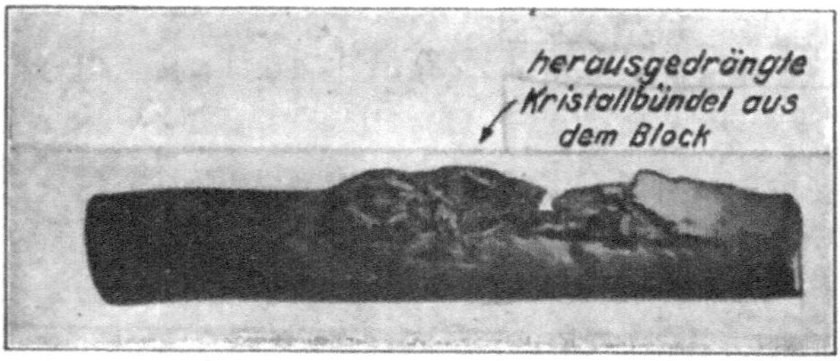

Abb. 230. Aufgerissene Stangen (starke Überhitzung des Blockes).

Das Eutektikon war bei der hohen Temperatur, die durch den Preßdruck noch erhöht wurde, nicht fließend, sondern flüssig geworden (geschmolzen), während die Kristallnadeln noch fest waren. Auf der Stangenoberfläche hatte sich durch Abkühlung an der Matrizenwandung eine dünne erstarrte Schale gebildet. Diese dünne Schale wird bei weiterem Heraustreten aus der Matrize durch den Flüssigkeitsdruck des Eutektikons gesprengt, wobei das Zink verdampft, die Kupferreste des geschmolzenen Eutektikons mitreißt und nur die strenger flüssigen Kristallnadeln zurückbleiben (Abb. 230).

Wenden wir uns jetzt zum Rohblock zurück. Wenn wir den Längsschnitt betrachten und darin die Form von V_1 einzeichnen, so fällt es sofort auf, daß wir eigentlich zur Bildung der gesunden Stange das schlechteste, undichteste Material benutzen. Die dichtgelagerten, hochgekupferten Kristallspitzen bleiben größtenteils im Blockrückstand und werden mit den Oxyden der Haut und des Lunkers gemischt. Wenn man den Block mit dem Lunker zur Vorlegscheibe preßt, so tritt zuerst das am dichtesten gelagerte Metall der Blockbasis aus.

Wegen der dichten Anhäufung feiner Kristalle ist der Block hier kupferreicher. Aus diesem Grunde treten auch häufig im Anfang der Stange feine Schuppenbildungen auf, obgleich die übrige Stange glatt herauskommt. Diese schuppigen Enden werden abgeschnitten und gehen auch in den Abfall. (Seigerung.)

Bei der Herstellung von wirklich einwandfreien Stangen zur Erzeugung von bestem Material ist beim Spritzverfahren mit einem Materialrückstand von 30 v. H. zu rechnen, der wieder umgeschmolzen werden muß. Beim Rohrpressen scheint sich das Verhältnis etwas günstiger zu gestalten.

Ob nicht der Walzvorgang für stärkeres Rund- und kantiges Material der vorteilhaftere ist? Bei abgeschopftem Block bleibt kein Rückstand, außer vielleicht den verquetschten Einstichenden. Der Kraftbedarf ist jedenfalls bei gleicher Leistung um 60 v. H. geringer.

Auch hier wird der Friedenswettbewerb die Vorteile beider Verfahren von den Nachteilen scheiden, alles prüfen und das Beste behalten. Der Vollständigkeit halber sei noch ein Vorkommnis beim Stangenspritzen erwähnt, das nach dem oben Gesagten verständlich erscheint.

Bei starker Erhitzung der Blöcke im Rollofen kommt es oft vor, daß der Block kurz hinter der Zange abbricht. In der Praxis werden vielfach beide Bruchstücke hintereinander in den Aufnehmer geschoben und der gebrochene Block wie ein ganzer verpreßt.

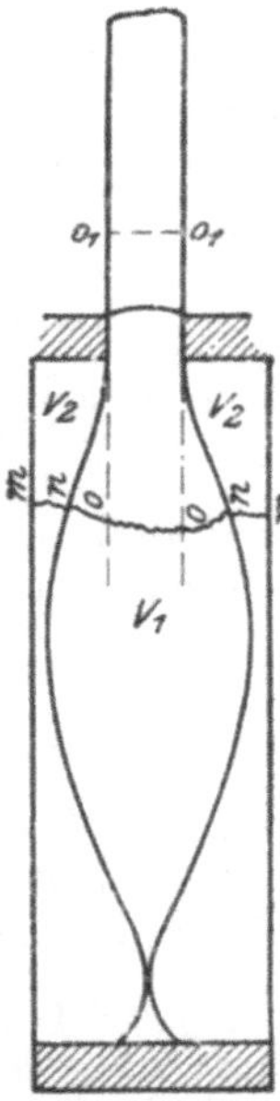

Abb 231.

An der aus solchen Blöcken gepreßten Stange ist ein Fehler selten fest zustellen, höchstens am Anfang der Stange im kürzeren Blockende. Das ist auch erklärlich (siehe Abb. 231). Der Bruch *o*-*o* ist manchmal, wenn die Verschweißung durch Oxydhaut oder Zinkoxyd nicht vor sich

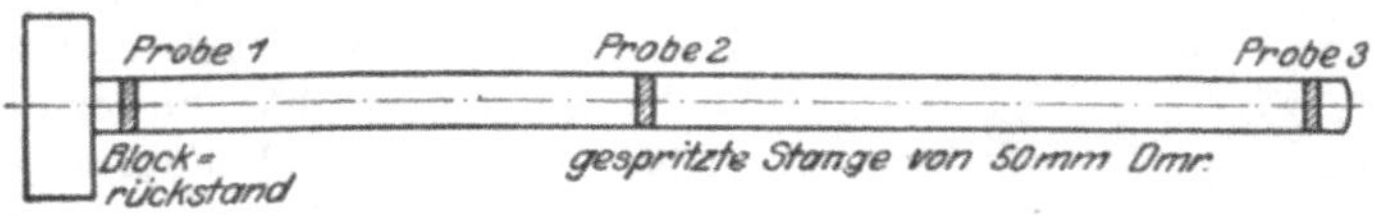

Abb. 232.

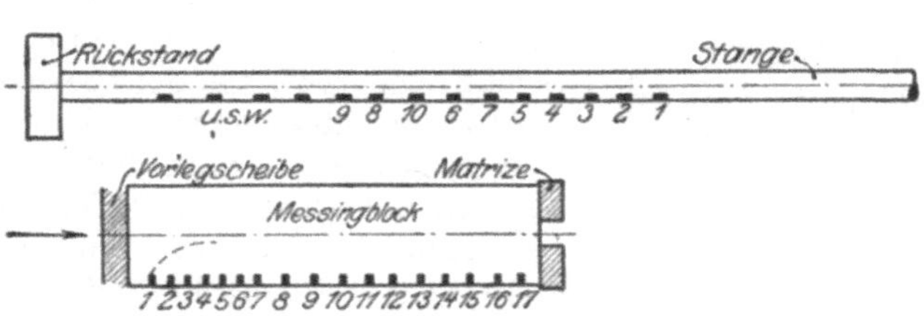

Abb. 233. Messingblock mit an der Zylinderkante eingesetzten numerierten Eisenpfropfen für Versuchszwecke. Versuch des Ob.-Ing. Mücke, Gumpoldskirchen.

gegangen ist, bei o_1-o_1 nachweisbar. Der Kreisring *no*-*on* wird aber in die Zylinderfläche gewendet, und der Kreisring *mn*-*nm* kommt überhaupt erst am Ende der Stange mit durcheinander gewirbelten Fasern unauffindbar aus dem Aufnehmer.

Es liegt nun der Gedanke nahe, ob man nicht unmittelbar aus (vielleicht in Stickstoff erhitzten) Messingspänen Stangen pressen könnte, ohne sie vorher umzuschmelzen. Jedenfalls aber wären Blöcke aus warmgepreßten Messingspänen solchen aus kaltgepreßten vorzuziehen. Auf diesem Gebiet kann noch viel Neues geschaffen werden.

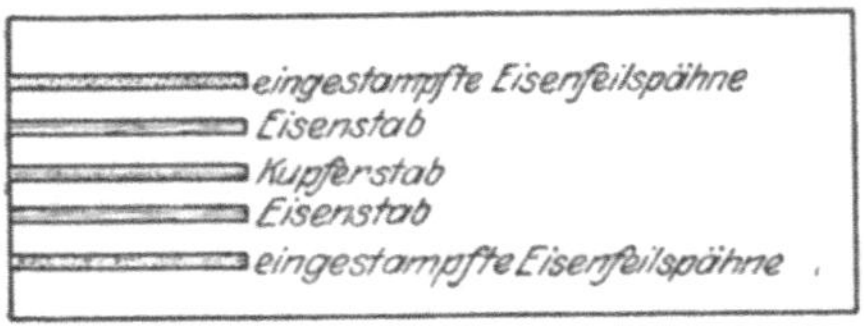

Abb. 234.
Angebohrter Block mit eingesetzten Metallstäben für Versuchszwecke.

Bei Versuchen mit der Brinellschen Kugeldruckprobe ergaben Teile derselben Stange (Abb. 232) folgende durchschnittlichen Härtezahlen:

Probe	I	85,5
Probe	II	87,0
Probe	III	83,4.

Das Material wäre also in der Mitte am festesten. Ich will aber gleich hinzufügen, daß in dieser Richtung umfassendere Versuche anzustellen sind, um die Richtigkeit zu erweisen; mir hat es dazu an Zeit gemangelt.

Zum Schluß will ich den Gang der Versuche schildern:

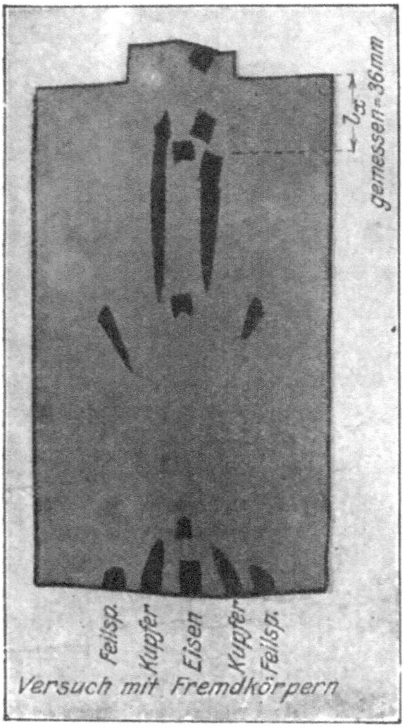

Abb. 235.

Wenn man in einer Zylindererzeugenden des Blockes in gleichen Abständen Löcher bohrte und darin Eisenstifte mit Nummern versenkte (Abb. 233), so traten stets die Stifte zuerst aus der Matrize heraus, die anfänglich der Vorlegscheibe am nächsten lagen.

Es wurde nun ein Block abgeschopft und in die Endfläche in gleichen Abständen Löcher gleicher Tiefe eingebohrt (Abb. 234). In das mittlere Loch wurden kleine Eisenzylinder von gleicher Höhe und gleichem Durchmesser eingebracht, so daß sie zusammen einen Stab bildeten. In die Löcher links und rechts von der Mitte wurden ebensolche Kupferzylinder eingesetzt und in die beiden Außenlöcher Eisenfeilspäne eingestampft. Der Block wurde erwärmt, mit den Bohrungen zur Vorlegscheibe hin leicht angepreßt, aus der Presse genommen und axial aufgeschnitten (Abb. 235).

Es zeigte sich nun, daß von sämtlichen Stäben nur Reste am Boden des Blockes übriggeblieben waren. Die anderen Teile waren weit in den Block hineingeschossen, wobei bei der Materialverdrängung die Blockachse die größte Geschwindigkeit aufwies. Die Bodenreste ergaben mit ihren äußeren Spitzen tangentiale Linien, die, wie uns jetzt bekannt ist, die Einschnürung bilden und V_3 erzeugen. Die Eisenzylinderchen in der Mitte waren axial in gewissen Abständen vorgeschossen und getrennt, wie sie durch die aufeinanderfolgenden Einschnürungen hindurchgeschlüpft waren. Parallel dazu waren die Kupferzylinder vorgeschoben, aber geschlossen. Erst in der kritischen Entfernung l_x von der Matrize beginnen sie sich zu trennen.

Die Eisenfeilspäne mußten eigentümliche Linien beschrieben haben, denn sie fanden sich inmitten des Blockes als zusammenhängende Stäbe vor, mit von der Achse abgeneigten Vorderenden.

Es ist sehr schwer, in Messing die Fließlinien durch Beizen sichtbar [1]) zu machen; deshalb mußten andere Mittel angewendet werden, um sie sicher festzulegen.

Bei diesem Versuch wurden die Linien, so wie man sie sich dachte, mit dem Bleistift aufgetragen. Dabei ergab sich die Einschnürung unten im Block, die man eigentlich in seiner Mitte erwartet hatte. Um nun einmal die Krümmungslinien der Blockseele festzulegen und zu erforschen, wo eigentlich die erste Stauchung vor sich geht, wurde ein Block hergestellt, aus dem die Seele (im Umfang der Matrizenöffnung von 50 mm Durchmesser) ausgebohrt wurde. Dieser Block wurde angewärmt und in der Presse leicht angepreßt. Das Ergebnis zeigt Abb. 197. Es lag nun nahe, in das Entgegengesetzte zu verfallen und einen Block mit einer Stahlseele zu pressen. Das Ergebnis war überraschend. Die Einschnürungslinie hatte sich nicht verändert, dafür aber der Stahlstab sehr stark. Er war in zwei Enden auseinandergezogen, wie man etwa einen Glasstab über einer Spirituslampe auseinanderzieht (Abb. 202). Dadurch wurde die Konstanz von $du\, V_3$ erwiesen.

Bei längerem Betrachten des zweiten Versuches fiel es auf, daß auch die äußeren Stäbe, die nicht in der Blockseele liegen, abgelenkt waren. Man teilte deshalb den Block in zylindrische, gedachte Schichten und versuchte, sich auf diese Weise eine Erklärung zu schaffen.

Probieren geht in der Werkstätte immer noch über Studieren! So wurde ein solcher Block hergestellt, und zwar in der Weise, daß Kupferrohre unten und oben in eingeschnittene Kreuze aus Messing eingespannt wurden (Abb. 236).

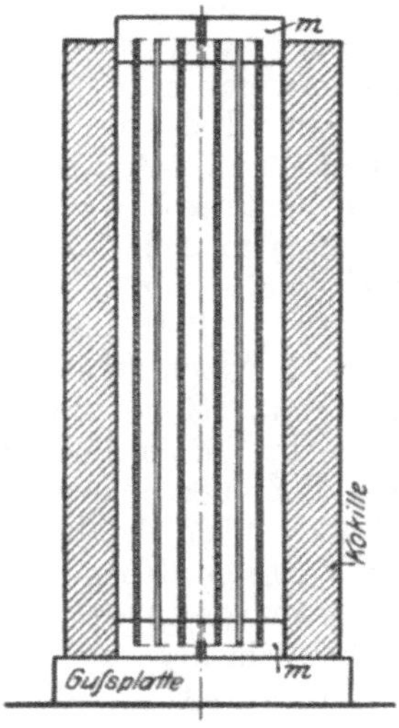

Abb. 236. Kupferrohre in Messingkreuzen *m* zentriert in der Kokille fertig zum Gießen.

Diese Rohre wurden in die Mitte der Kokille eingeführt und die Kokille mit flüssigem Messing vollgegossen, so daß die Kupferzylinder mitten im Messingblock steckten. Eine Pressung dieses Blockes zeigt Abb. 201, die mit einem Schlage die ganze Sachlage erleuchtete. Viele hintereinander angestellte Versuche ergaben die Teilung des Blockes in die bekannten drei Teile V_1, V_2, V_3.

Jeder Vorgang wurde nun in jedem Teil einer besonderen Prüfung unterzogen, woraus sich die Schnitte Abb. 204÷208 und 213 ergaben.

Der Schnitt nach Abb. 201 war zu bekannt, da jeder zersägte Block das eigenartige Bild zeigte. Wieviel Blockreste sind wohl schon zersägt worden, und ebensooft wurden die eingeschossenen Mantelteile als Lunker erklärt!

Selbst die sachverständigsten Leute, die Pressenerbauer, schworen, daß dies der Lunker sei, und daß man abschopfen müsse. Aber leider zeigten die Blockreste der abgeschopften Blöcke dieselben verführerischen Linien. Weder die Pressenerbauer noch die Buchhändler konnten Quellen über einschlägige Literatur angeben. Nur die Überlegung, daß ein derartig kleiner Lunker nicht solch eine Menge Metalloxyde in dem Block verteilen könne, ließ eine andere Oxyd-

[1]) Ohne daß man verschiedene Messingsorten in Platten oder Röhren zu einem Versuchsblock zusammensetzt.

quelle vermuten. Das war natürlich nur der Mantel, nachdem außerdem noch bewiesen war, daß ein großer Teil (wenn nicht der größte) des Lunkers im Teil V_3 festgehalten wird. Der Vorschlag mit den Kupferröhren hat auch hier geholfen. Es wurde ein Kupferrohr genau in die Kokille eingepaßt und diese vollgegossen, so daß der Block einen dünnen Kupfermantel erhielt.

Das Ergebnis der Pressung zeigt sich in Abb. 218.

Der Mantel schob sich, immer am Aufnehmer und an der Vorlegscheibe bleibend, an der Oberfläche von V_3 in die Blockseele. Bei dem rechten Block ist der Mantel bereits in die Stange getreten. Die Länge des Blockendes ist aber auch geringer als sein Durchmesser. Die schwarzen Stellen zeigen die Schlacken und Oxyde des Lunkers. Deutlich ist auf diesem Bilde namentlich links V_3 abgezeichnet.

Nun muß man sich aber nicht vorstellen, daß die Fließlinien im Messingblock so unregelmäßig gefaltet verlaufen, wie die Lichtbilder die Kupferschnitte zeigen.

Das Kupfer ist weniger leitfähig als das Messing, hat eine höhere Fließgrenze und braucht beim Pressen höheren Druck. Es schiebt sich nicht zusammen, sondern faltet sich. Wenn man eine richtige Vorstellung von den Fließlinien erhalten will, betrachte man die Abb. 200 und 212, die nach der Natur gezeichnet sind. Interessant ist die Periode der beiden Einbrüche x und y (Abb. 212), die auch in Abb. 213 deutlich zu erkennen sind; ebenso die in der Ringfläche der Matrize zurückgebliebenen Faserenden in ihren schleifenartigen Formen.

Der erfahrene Schmied und Warmpresser kennt doch ein Mittel, die Fließlinien in Arbeitsstücken für kurze Zeit sichtbar zu machen. Wenn man nämlich mit einer feingezahnten geschränkten Bandsäge einen Block mit möglichst geringem Vorschub durchschneidet, so treten bei schräg auffallendem Sonnenlicht die Fließlinien deutlich hervor. Die geschränkten Spitzen der Sägezähne federn nämlich über die härteren Schichten hinweg, und da anzunehmen ist, daß die verschiedenen übereinandergelagerten Metallschichten doch kleine Unterschiede in der Härte aufweisen, so zeichnen sich eben die Schnittlinien dieser Schichten ab. So wurde Abb. 212 hergestellt, ebenso Abb. 213.

Wenn ich nun diese Arbeit abschließe, so tue ich es in dem Bewußtsein, mein Möglichstes getan zu haben, um Aufklärung über die interessanten Vorgänge des Fließens im gepreßten Messingblock zu schaffen. Mit anderen Metallen konnte ich aus Zeitmangel keine Versuche machen, doch dürften sich die Vorgänge durchaus nicht anders abspielen.

Manches von dem Gesagten mag anders und besser gedeutet werden, und manches mag bei kritischer Beleuchtung nicht standhalten. Ich bitte jedenfalls um milde Beurteilung, da ja diese Arbeiten im Kriege bei starker Arbeit geleistet werden mußten, ohne den Betrieb irgendwie stören zu dürfen.

Zusammenfassung.

1. Es ist festgestellt worden, daß der Lunker des Messingblockes weniger schädlich auf die Stangen einwirkt als der Oxydmantel.

2. Die Blöcke brauchen nicht abgeschopft zu werden, wenn man einen Rückstand im Aufnehmer läßt, dessen Länge gleich dem Durchmesser des Aufnehmers + 3 cm ist.

3. Das Abschopfen der Blöcke genügt nicht, um einwandfreie Stangen zu erzielen. Außer dem Abschopfen muß noch ein Rückstand von der Länge des Durchmessers des Aufnehmers belassen werden.

4. Beim Verpressen der Blöcke ist die Lunkerseite zur Vorlegscheibe hin zu legen.

Freiformschmiede. Erster Teil: Technologie des Schmiedens. — Rohstoffe der Schmiede. Von Direktor **P. H. Schweißguth.** (Heft 11 der **Werkstattbücher** für Betriebsbeamte, Vor- und Facharbeiter. Herausgegeben von **Eugen Simon,** Berlin.) Erscheint im November 1922.

Freiformschmiede. Zweiter Teil: Einrichtungen und Werkzeuge der Schmiede. Von Direktor **P. H. Schweißguth.** (Heft 12 der **Werkstattbücher** für Betriebsbeamte, Vor- und Facharbeiter. Herausgegeben von **Eugen Simon,** Berlin.) Erscheint im November 1922

Die Werkzeugstähle und ihre Wärmebehandlung. Berechtigte deutsche Bearbeitung der Schrift: „The heat treatment of tool steel" von **Harry Brearley,** Sheffield. Von Dr.-Ing. **Rudolf Schäfer,** Berlin. Dritte, verbesserte Auflage. Mit 226 Textabbildungen. 1922. Gebunden GZ. 10

Lehrgang der Härtetechnik. Von Oberlehrer Dipl.-Ing. **Johann Schiefer** und Fachlehrer **E. Grün.** Zweite, vermehrte und verbesserte Auflage. Mit 192 Textfiguren. 1921. GZ. 7,2; gebunden GZ. 8,3

Härte-Praxis. Von **Carl Scholz.** 1920. GZ. 1,5

Handbuch der Fräserei. Kurzgefaßtes Lehr- und Nachschlagebuch für den allgemeinen Gebrauch. Gemeinverständlich bearbeitet von **Emil Jurthe** und **Otto Mietzschke,** Ingenieure. Fünfte, durchgesehene und vermehrte Auflage. Mit 395 Abbildungen, Tabellen und einem Anhang über Konstruktion der gebräuchlichsten Zahnformen bei Stirn- und Kegelrädern sowie Schnecken- und Schraubenrädern. 1919. Gebunden GZ. 14

Der Fräser als Rechner. Berechnungen an den Universal-Fräsmaschinen und -Teilköpfen in einfachster und anschaulichster Darstellung, darum zum Selbstunterricht wirklich geeignet. Von **E. Busch.** Mit 69 Textabbildungen und 14 Tabellen. 1922. GZ. 3,6; gebunden GZ. 6

Der Dreher als Rechner. Wechselräder-, Touren-, Zeit- und Konusberechnung in einfachster und anschaulichster Darstellung, darum zum Selbstunterricht wirklich geeignet. Von **E. Busch.** Mit 28 Textfiguren. 1919. Gebunden GZ. 5

Die Dreherei und ihre Werkzeuge in der neuzeitlichen Betriebsführung. Von Betriebs-Oberingenieur **W. Hippler.** Dritte, neubearbeitete Auflage. Mit etwa 319 Textabbildungen. In Vorbereitung

Automaten. Die konstruktive Durchbildung, die Werkzeuge, die Arbeitsweise und der Betrieb der selbsttätigen Drehbänke. Ein Lehr- und Nachschlagebuch von **Ph. Kelle,** Oberingenieur in Berlin. Mit 767 Figuren im Text und auf Tafeln, sowie 34 Arbeitsplänen. 1921. Gebunden GZ. 16,5

Die Werkzeugmaschinen, ihre neuzeitliche Durchbildung für wirtschaftliche Metallbearbeitung. Ein Lehrbuch. Von Professor **Fr. W. Hülle** (Dortmund). Vierte, verbesserte Auflage. Mit 1020 Abbildungen im Text und auf Textblättern, sowie 15 Tafeln. Unveränderter Neudruck. 1922. Gebunden GZ. 20

Die eingesetzten Grundzahlen (GZ.) entsprechen dem ungefähren Goldmarkwert und ergeben mit dem Umrechnungsschlüssel (Entwertungsfaktor) Ende Oktober 1922: 110, vervielfacht, den Verkaufspreis.

GPSR Compliance

The European Union's (EU) General Product Safety Regulation (GPSR) is a set of rules that requires consumer products to be safe and our obligations to ensure this.

If you have any concerns about our products, you can contact us on ProductSafety@springernature.com

In case Publisher is established outside the EU, the EU authorized representative is:

Springer Nature Customer Service Center GmbH
Europaplatz 3
69115 Heidelberg, Germany

Batch number: 10620141

Printed by Printforce, the Netherlands